テレビ界「バカのクラスター」を一掃せよ

●目次

7. 関口宏氏主演の二時間サスペンス TBS『サンデーモーニング』

第3編　テレビ禍の主役たち

10．ある種の反日・反米・親韓コメンテーター
青木理氏

ポジショントークの正体／国内政治篇：論証抜きに結論を出す／三段論法を偽った詭弁／前提となる情報を歪曲して結論を出す／論理的ではない批判／前提となる情報を恣意的に選んで結論を出す／誤った原理を使って結論を出す／排他主義者はどっちだ／論点を変更して結論を出す／国際政治（北朝鮮）篇：北朝鮮は地球よりも重い／北朝鮮は肯定、安倍は否定／金正恩の気持ちを代弁／拉致被害者家族の死を利用して安倍批判／国際政治（韓国）篇：常に韓善・日悪のポジショントーク／韓善日悪の構図／正当な批判も日本が行えば「ヘイト」／共演者から一喝される／ギャグのような無理やり感／国際政治（米中対立）篇：米国批判と中国擁護／論点すり替えから批判／自信満々の見立ても外れ

プロローグ

ヒステリックに響く命令

・家にいろ！

・検査は必要だ。何かをやれって言われた時に「できません」っていう言う人間って、一番使えない人間だ！　どんな社会でも。「できません」じゃない。「やれ！」なんだ。そのために政治家が選ばれている。政府は言い訳しないでやれ！

・全く安心できない。行動制限を強くしなければダメだ。ただでさえ緊急事態宣言は遅い。

・政府は立ち位置を変えなければいけない。平時ではない！　緊急時だ！　様子見は平時の指揮官がやることで、ウイルスと戦っている緊急時の指揮官がやることではない。こういう緊急時には休業要請を即座にやるべきだ。

・家にいることが一番大事だ。これが目的。「できない」と言ったらだめだ。「もうやるんだ」「もう休むんだ」「家にいろ」なんだ。

・自粛が足りない。「全部休みにして下さい」と言うしかない。

・「うちの会社は一カ月閉める」と大企業は皆やらないとダメだ。

・行動規制を相当厳しくやらない限り結果は出ない。六割、七割で、はたして効果が出るのか。

◇

専制国家の支配者による私権制限の言葉と思いきや、以上の発言は、日本のワイドショーに出演するテレビ局員とウイルス学の専門家なる人物の言葉です。

今回のコロナ禍において、日本政府および地方自治体は憲法を遵守《じゅんしゅ》し、極めて抑制的に法律で可能な限りのリスク対応を行いました。これまでに安倍政権は、野党やマスメディアから「憲法違反の独裁政権」と根拠なく非難されていましたが、今回の一件でその非難がまったく当たらないことが証明された形となりました。

その一方で、過去に憲法の非常事態に大反対してきた野党とマスメディアは、政府の対応を「遅くて不十分」としたうえで、緊急事態発動を強く求めました。このような野党やマスメディアの論調に扇動された日本国民の八割は「緊急事態宣言は遅かった」と政府を批判しました。

《読売新聞社が11〜12日に実施した全国世論調査で、新型コロナウイルスの感染拡大を受け、政府が東京都や大阪府などに緊急事態宣言を発令したタイミングが「遅すぎた」は81%に上った。「適切だった」は15%、「早すぎた」は1%だった》(読売新聞二〇二〇年四月十三日)

野党勢力はこのような世論調査結果を背景に、政府批判を強めました。

〈衆議院・本会議　二〇二〇年四月十四日〉

柚木道義《ゆのきみちよし》議員：コロナ対策が後手に回り、いまの深刻な感染拡大、コロナ不況に至っているのではないでしょうか！　これでは、もはや人災です！　緊急事態宣言の発令時期を、国民の八割が遅いと答えています。総理、宣言による経済への影響を危惧《きぐ》する気持ちはとてもよくわかりますが、国民の命がより大切であるとの認識を強く訴えたいと思います。総理は会見で、接触機会を最低七割、極力八割減少させれば、二週間でピークアウトできると言われました。しかし、二週間様子を見ての対応で本当にいいのでしょうか！　悠長《ゆうちょう》過ぎませんか！

しかしながら、確固たる事実として、感染は三月末にピークアウトすると同時に、緊急事態宣言の発動それ自体が感染者の減少に寄与した形跡はまったく認められません。つまり、国民は確固たる科学的根拠なしに「政府の緊急事態宣言は遅い」と考えるに至り、野党やマスメディアも科学的根拠がないままに安倍政権を攻撃し、日本社会を混乱させたことになります。

インフォデミックの発生

厚生労働省の六月十六日の発表によれば、新型コロナウイルスの抗体陽性率は東京で〇・一％程度であり、パンデミックとは程遠い数字です。一方、コロナ禍において不正確な報道や問題報道を連発したワイドショー『羽鳥慎一モーニングショー』の視聴率は一〇％を超えていました。おそらく、デマの市中感染率はコロナウイルスとは比べものにならない大きさであり、国民を巻き込んだインフォデミック（真偽不明情報の大量拡散）が発生したものと見られます。

『羽鳥慎一モーニングショー』が放送で行っていたのは主として、デマを流すこと、徹底的にコロナの不安を煽《あお》ること、ＰＣＲ検査を崇拝して反論を悪魔化することだと言えます。同番組は、日本社会のセキュリティ・ホールと言える【情報弱者 information poor】を媒体として、番組の論調を世の中に広める一方、番組の論調を客観的な観点から十分に検証することはけっしてありませんでした。番組は、番組の論調と合致《がっち》しない多様な意見を紹介することなく、番組の論調と合致する自称専門家ばかりを出演させて番組の論調を一方的に肯定させるという【チェリー・ピッキング cherry picking】による情報歪曲《わいきょく》手法を展開することで、【確証バイアス confirmation bias】(都合のいい情報ばかり集め、否定的情報を無視すること)に満ちた放送を連日行ったと言えるのです。不思議なことに、道徳の権《ごん》化《げ》のように振る舞うレギュラー出演者たちは、このような番組の暴走に対して、ほとんど異議を唱えることはありませんでした。まさに、国民の多様な意見を紹介することなく一方的に国民の戦意を煽ることで、無謀《むぼう》な戦争に巻き込んだ戦前のマスメディアのメソッドとシンクロします。

視聴率一〇%を超えるスーパー・スプレッダーに、ゼロリスクの対応を植え付けられた日本社会には恐怖が蔓延《まんえん》し、ついには「四月一日からロックダウン(都市封鎖)に入る」といったデマが発生するに至りました。医療用マスク確保を目的とした「アベノマスク」に対する非難など、インフォデミックは日本社会に集団ヒステリーを引き起こし、緊急事態宣言に慎重だった安倍政権に発令を迫りました。

本書の目的

本書は、各種テレビ報道の定点観測に基づき、日本の「コロナ禍」を拡大したコロナ報道の問題点を分析するとともに、その問題の根本にあるテレビ報道が作り出す「テレビ禍」について議論するものです。

さて、テレビ報道に大きな変化をもたらしたのは、一九七〇年代中頃に放映が開始されたNHK『ニュースセンター9時』という「ニュース・ショー」です。ゴールデンタイムに一日の出来事を掘り下げて振り返るという企画は画期的なものであり、テレビ報道は大きく深化したと言えます。これに追従したのが、一九八〇年代中頃に放映が開始されたテレビ朝日『ニュースステーション』です。様々な演出を通してニュースをわかりやすく解説するという点では優れていましたが、その一方でテレビ報道のセンセーショナル化が進みました。また、一九八〇年代終盤にはTBSテレビ『筑紫哲也《ちくしてつや》 NEWS23』の放映が開始され、テレビ報道の左傾化が進みました。このセンセーショナル化と左傾化の流れが、現在のテレビ報道の底流にあるのは自明です。

報道番組のセンセーショナル化と左傾化にさらに拍車をかけたのが、一九九〇年代から盛んになったワイドショーによる政治報道です。不倫する芸能人・宗教にハマった著名人・ゴミ屋敷の住人・暴れる新成人・立入禁止の海岸に出没する密猟者・隙間《すきま》に挟まったお騒がせ中国人などと同列に、政権や与党政治家がスケープゴートにされて、芸能人や文化人のコメンテーターから人格をヒステリックに説教されるという定番コンテンツが常套化《じょうとうか》しました。

ここで、テレビ報道の最大の問題点は何かと言えば、検証の困難さです。

一般に人間は、特定の情報だけを【記銘 encoding】したうえで【保持 storage】して必要な時に【想起 retrieval】しますが、同時に他の情報については綺麗サッパリ【忘却 forgetting】します。また、一時的に保持された情報も、時間の経過とともに必要性が減少し、やがて忘却していきます。この【記憶 memory】のプロセスは、人間の長期記憶容量の限界に順応する合理的システムですが、半面、経験論的な意思決定のベースとなる「過去の評価」に支障をきたし、その結果として帰納《きのう》原理に基づく「将来の予測」に支障をきたすことになります。

通常、新聞・雑誌などの紙媒体の報道やインターネット・メディアなどの電子媒体の報道は、アーカイヴとして一定期間保持されるため、のちの検証が比較的容易です。しかしながら、テレビ報道は基本的にリアルタイムの視聴のみを前提とするものであり、個人が録画して保持しない限りはそのあとに検証されることはありません。つまり、その場限りの言いたい放題も、指摘されない限り何のお咎《とが》めもなく許容されてしまうわけです。このような状態は、公正な社会の運営において健全ではありません。

本書は、このような検証の困難さにつけ込んで、デマ報道や問題報道を繰り返しているテレビ報道に対して、長期間にわたる番組録画を基にその分析・検証を行うものであり、「コロナ禍」のテレビ報道を起点に、デマ報道や問題報道が作る「テレビ禍」の実態について議論するものです。実際、テレビ報道には論理的な誤りである【誤謬《ごびゅう》 logical fallacy】や意図的な誤謬である【詭弁《きべん》 sophistry】が氾濫《はんらん》し、特定の方向に視聴者を誘導するメカニズムが構築されています。

本書の構成

本書は大きく3編から構成されています。

第1編では「コロナ禍を拡大したバカのクラスター」と題して、新型コロナ危機を理不尽に煽って日本経済を不必要に痛めつけることに貢献した主役たちに焦点を当てます。リスク管理の観点から、コロナ禍に登場したゼロリスクの扇動者やリスク管理のド素人《しろうと》の大騒ぎについて検証したうえで、マスメディアの暴走の典型事例として、突出した扇動報道を展開したテレビ朝日『羽鳥慎一モーニングショー』を対象とし、その報道について時系列を追いながら詳しく分析・検証したいと思います。

第2編では「テレビ禍を主導するバカのクラスター」と題して、テレビ朝日『羽鳥慎一モーニングショー』、テレビ朝日『報道ステーション』、TBS『サンデーモーニング』、TBS『報道特集』、TBS『NEWS23』を取り上げ、長期間における各番組の問題報道の特徴を分析します。コロナ報道についても簡単に紹介します。

第3編では「テレビ禍の主役たち」と題して、テレビの人気コメンテーターの青木理《あおきおさむ》氏と後藤謙次《ごとうけんじ》氏のコメントについて深く分析してみたいと思います。

第1編　コロナ禍を拡大したバカのクラスター

1．自粛警察を生んだゼロリスク煽動者たち

ゼロリスクの煽動者

東日本大震災を大きな契機として、日本社会の意思決定を極めて不合理にしているものが【ゼロリスク zero-risk】の追求です。「想定外は許されない」なる非論理的な言葉で代表される思考停止は、日本社会の合理的意思決定に重くのしかかり、ほんの少しでも社会に不利な状況が発生することを絶対に許容せずに責任追及する「失敗したら終わりの社会」を形成しました。

残念ながら今回の新型コロナ危機においても、様々な局面でゼロリスク追求の風が吹き荒れています。

社会がゼロリスクの追求に突き進む時、ほとんどの場合、そこには無責任なゼロリスクの【煽動者《せんどうしゃ》 agitator】がいます。彼ら彼女らは、ペリル（損害を引き起こす危機、本章後段で詳述）が生起することを確実視する過激な【悲観論者 pessimist】であり、「最悪の事態を考えなければいけない」という決めゼリフを高らかに叫びます。

彼ら彼女らは、この誰でも言えるありきたりなフレーズによって、あたかも自分が賢者であるかのように【自己呈示 self-presentation】するとともに、【反悲観論者 anti-pessimist】あるいは【楽観論者 optimist】がまるで最悪の事態を想定していない愚者であるかのように【人格攻撃 ad hominem】します。これはレトリックに過ぎません。

リスク査定に必要なのは、事実または合理的予測を根拠にした「どこまで楽観できるか」「どこから悲観する必要があるか」の議論であり、勘（ヒューリスティック）で【反証不可能 unfalsifiable】な悲観論を展開することではありません。

ゼロリスクの煽動者は、常に安全な場所に身を置きます。ペリルが発生すれば「それみたことか」と反悲観論者あるいは楽観論者を攻撃する一方で、ペリルが発生しなければ「めでたしめでたし」「最悪の事態を考えたことは正しかった」とごまかします。

留意しなければならないのは、社会がゼロリスクを追求することによって、実際には定常的に得られるはずの便益を放棄するという莫大なコストがかかっていることです。

合理的な「安全」ではなく、不合理な「安心」を得るゼロリスク追求のために、日本社会はこれまでに多くの損害を被《こうむ》ってきました。たとえば福島第一原発事故では、非科学的な放射能デマを信じた多くの病人が不必要な移動を行ったため、震災関連死という形で命を失いました。

また、「世界一厳しい」とされる根拠薄弱な新規制基準を根拠に日本全国の原発が停止したことで、国民は乗数効果を含めて年に数兆円の損失を被っています。豊洲《とよす》市場問題では、不必要な環境対策のために、東京都民は一千億円単位の不必要な経費を実質上負担しています。

このような不合理が許容されているのは、人間には、行動選択において高効果のリスク低減策よりも低効果のリスクゼロ策を選好する【ゼロリスク・バイアス zero-risk bias】と呼ばれる認知バイアスが存在するためです。この錯覚は、健康・安全・環境を追求する際に、しばしば発生することが知られています。

豊洲市場問題では、ゼロリスクの煽動者によってゼロリスク・バイアスに陥った大衆が、豊洲市場の地下に存在する人間が飲むこともない水を完全に飲めるレベルまで浄化するよう、莫大なコストをかける不合理に賛成してしまったのです。

出羽守と尾張守

ゼロリスクの煽動者となるのは、主としてマスメディア（特にワイドショー）、ネットのオピニオン・リーダー、活動家等です。大衆の煽動にあたっては、未知を強調して恐怖を煽《あお》る【恐怖に訴える論証 appeal to fear】により大衆を心理操作するのが基本です。彼らは社会の救世主のようなフリをして、視聴率を稼いだり、自己PRしたり、政治目的を達成しようとしたりするのです。

今回の新型コロナ危機には、「出羽守《でわのかみ》」「尾張守《おわりのかみ》」と呼ばれるステレオタイプの説得術を持つ上から目線のゼロリスクの煽動者が多量に発生しました。出羽守とは、「米国では～」「欧州では～」と、自分が居住する海外地域における意思決定や共通認識を「井の中の蛙《かわず》の日本国民」に対して強《し》いる人物です。尾張守とは、「もう日本は終わりだ」とする終末思想をふりかざすことにより、自分の見解を「危機感と想像力のない日本国民」に対して強いる人物です。

ゼロリスクの煽動者たちは全力で危機を煽り、日本国民の危機感の無さを非難しました。しかしながら、日本は終わるどころか、何らかの「日本人の底力」を発揮して、新型コロナウイルスの感染を抑制したのです。

それでは、新型コロナ危機におけるゼロリスクの煽動者の典型的な事例を紹介していきたいと思います。

三月二十八日、在米ジャーナリストという飯塚真紀子氏は、「新型コロナ、いまの日本は二週間前のニューヨークかもしれない」というネット記事を現代ビジネスに寄稿しました。

《えっ、今、花見？　大丈夫なの？　人々は変わらず、街にも、普通に出歩いているときく。

こんな状況をアメリカ公衆衛生局長官ジェローム・アダムス氏が見たら、一喝するところだろう。

「君たち、死にたいのか！」

そして当然、思うに違いない。

「いったい、安倍政権は何をしているんだ。アメリカなら、取り締まるところだ」（中略）

少なくとも私が目にした限り、日本政府からは、アメリカのように危機意識を持った〝注意喚起〟、あるいは誠意と真摯《しんし》さに満ちた〝お叱り〟、経済的な裏付けのある〝実効的な政策的手当て〟はない。

政府がまず危機意識を持って対策を講じ、国民を叱らない限り、お上《かみ》まかせの他力本願な傾向が強い日本の人々に危機意識は芽生えないのは当然と言えるだろう。

その結果、どうなるか？　いま世界で懸念されているのは、日本自体が「ウイルス培養

列島」と化してしまうことだ。（中略）》

「東京は二週間前のNY」

《東京の3月25日の感染者数は212だが、この数は、偶然にも、3月11日時点のニューヨーク州の感染者数と全く同じ。ニューヨーク州はそれからわずか2週間で、その数が3万2000を超えた。（中略）

米国立アレルギー感染症研究所所長のアンソニー・ファウチ氏は新型コロナ対策においては「やり過ぎで批判された方がいい」と言い切ったが、この言葉をそのまま安倍政権に送りたい》

疫学の素人《しろうと》の飯塚氏は、二週間前の感染者数がたまたま同じであったことから【類比論証 weak analogy】を展開し、感染爆発が発生するという憶測を前提にして日本政府を非難し、日本国民を侮蔑《ぶべつ》しました。

しかしながら、三月二十五日の二週間後にあたる四月八日の東京の累積感染者数は、三万二千人どころか一千三百三十八人、五月中旬になっても約五千人、死亡者数は約二百人です。飯塚氏がこの記事を書いている頃には、東京では発症日ベースで感染者数がピークアウトしていたのです（左頁図参照）。

一方で、危機感を持っているはずのニューヨーク州の感染者数は、五月中旬で約三十五万人、死亡者数は二万人を超えています。このように、死亡者数がニューヨークの百分の一の東京に対して、飯塚氏は上から目線で罵倒《ばとう》していたのです。

出羽守で尾張守でもある飯塚氏は、典型的なゼロリスクの煽動者です。東京がニューヨークのように感染爆発すると憶測するだけでなく、日本国民と日本政府に対して危機感がないと人格攻撃しました。加えて、安倍政権に新型コロナ対策を「やり過ぎて批判された方がいい」というエクスキューズの言葉を無責任に送りました。

ちなみに、「日本は二週間前のニューヨーク」といった警告については飯塚氏だけではなく、多くの米国や欧州の在住者や医師がＳＮＳや YouTube を使って「二週間後に日本は○○になる」と競うように発信しました。まさに出羽守と尾張守たちが束となって、何の根拠もなしに危機を煽ったのです。もちろん、実際に危機感がなかったのは、この手の出羽守と尾張守にほかなりません。

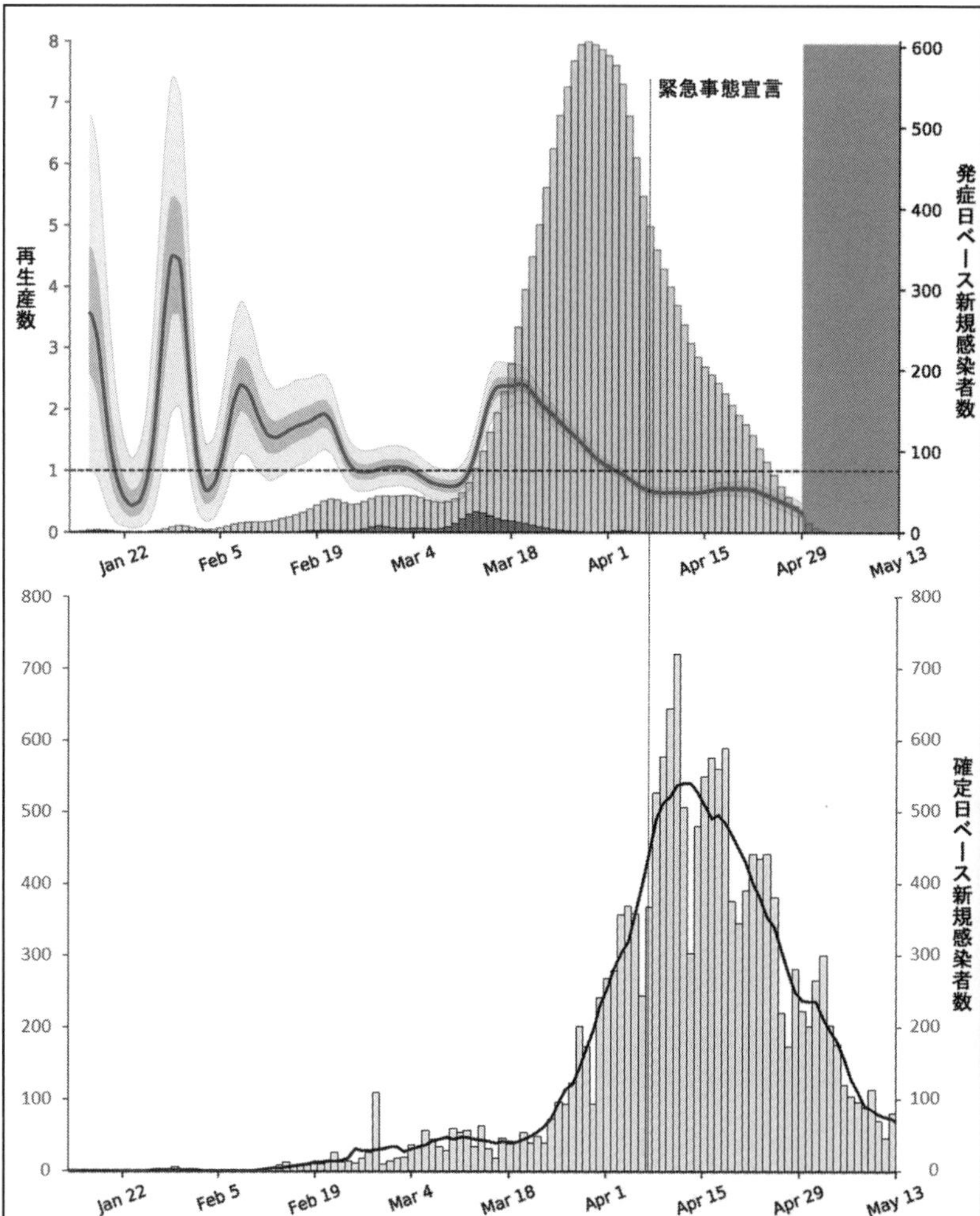

緊急事態宣言
再生産数
発症日ベース新規感染者数
確定日ベース新規感染者数
Jan 22
Feb 5
Feb 19
Mar 4
Mar 18
Apr 1
Apr 15
Apr 29
May 13

欧米に近い外出制限を

四月三日、日本経済新聞は、のちに「八割おじさん」と呼ばれることになる西浦博氏の数理モデルについて報じました。

《新型コロナウイルスの感染者が都市部を中心に急増するなか、「早急に欧米に近い外出制限をしなければ、爆発的な感染者の急増（オーバーシュート）を防げない」との試算を北海道大学の西浦博教授がまとめた。（中略）

西浦教授によると、JRや都営地下鉄などの利用者は、イベント自粛要請などの影響で3月上旬は2割程度減少していた。だが試算では、2割減程度では流行を数日遅らせることができても、爆発的な患者増は抑えられないという。

一方、8割程度減らすことができれば、潜伏期間などを踏まえ、10日～2週間後に1日数千人をピークに急激に減少させることができるとしている。西浦教授は「現在の東京都は爆発的で指数関数的な増殖期に入った可能性がある」とみており、「早急に自粛より強い外出制限をする必要がある」と求めている》

西浦氏は、「何も流行対策をしなければ四十二万人が死亡する」というショッキングな試算を発表し、まるで出羽守と尾張守のように「早急に欧米に近い外出制限をしなければ、オーバーシュートを防げない」と日本国民に呼びかけました。

しかしながら、この想定が極めて現実離れしていたことは、その後の観測データによって明らかになりました。実際には、緊急事態宣言より一週間前の四月一日に実効再生産数は一を下回り、四月十日の時点ですでに約〇・七だったことが、専門家会議により報告されています。三月末に、発症日ベースの新規感染者数はピークアウトしていたのです。

接触率を八割削減しても二週間後に新規感染者数が一日数千人になるという西浦氏の見立ても、完全にはずれました。緊急事態宣言後しばらくの間、日本国民の接触率の削減は四割程度であり、それでも新規感染者は一日数百人に留まりました。

確定日ベースの感染者数の七日移動平均を見れば、緊急事態宣言直後の東京都で、感染者数の倍加時間（二倍になる時間）が順調に増加していることがわかり、緊急事態宣言二週間後には、日本全体で確定日ベースの新規感染者数が明確にピークアウトしていることを確認することができました。

絶望的なほど無責任

さて、西浦氏の予測が実測と合わなかったことには基本的に問題はありません。科学は万能ではないからです。また、医療リソースが逼迫《ひっぱく》するなか、日本政府が医療崩壊のリスクを確度高く回避するという目的で緊急事態宣言を行ったこと自体は理解できます。

しかしながら、西浦氏が①忙しいことを理由にして感染の予測手法を国民に対して明示しなかったこと、②実効再生産数を過大評価したことを認識していながら八割削減を大宣伝し続けたことは、科学倫理に反する極めて重大な問題です。

破局的な経済危機が日本を襲うなか、事業の倒産も覚悟で自粛をしている飲食業者をはじめとする多くの経済弱者は、一カ月もの間、明らかに誤っている西浦モデルを黙って信じることを強いられ、GWには理不尽にも接触率八割減を達成したのです。

専門家会議は経済へのダメージを軽減するため、八割削減は過剰な目標であることを早期に国民に説明すべきでした。

日本政府から緊急事態宣言が出される直前の四月五日、TBSテレビ『サンデーモーニング』で、大宅映子《おおやえいこ》氏が緊急事態宣言について次のように述べています。

大宅映子氏：日本政府は緊急事態宣言をしないとずっと言っている。米国もイタリアもみんなやっている。パリもニューヨークも、映像を見ると本当に人っ子一人いない。日本は結構人がいる。この緩さ。それをやらない限りは抑え込めないというのであれば従うしかない。

エボラ出血熱のウイルスの発見者が、感染症に対しては早すぎるとか過剰すぎるってことはないと言っている。

【解説】「みんながやっているからやるべきだ」という【情勢に訴える論証 appeal to the bandwagon】は、日本社会をしばしば極端な方向に誘導する思考停止のマジックワードです。また、「早すぎるとか過剰すぎることはない」といった反証不可能な格言を無批判に肯定するのは、【格言に訴える論証 appeal to aphorism】と呼ばれる【権威論証 argumentum ad verecundiam】です。

ゼロリスク煽動者は、このような非論理的な決めゼリフを使って、多くの庶民が人生をかけて築いてきた小さなライフワークを理不尽に破壊しているのです。ちなみに大宅氏は五月十日の同番組では、次のように述べています。

大宅氏：政策を変える（緊急事態の緩和）時に何が必要かといったら基準だ。入口に入るときの基準がハッキリしていなかったから、出口の基準もできない。そこが大問題だ。

【解説】「みんながやっているからやるべきだ。早すぎるとか過剰すぎるってことはない」と錯乱して訴えていた大宅氏の言葉とは思えません（笑）。ゼロリスクの煽動者は、絶望的なほど無責任です。

テレビ朝日社員の玉川徹氏は緊急事態宣言が出された翌日の四月八日に、『羽鳥慎一モーニングショー』で次のように強弁しました。

玉川徹氏：国としては、今回の宣言で外出自粛が自主的に進むという認識をしている。効果が出る二週間後に向けた対策を考えるべきと。二週間様子を見るということに、僕は物凄く違和感がある。

よくコロナとの戦いは戦争に譬《たと》えられるが、戦力の逐次《ちくじ》投入というのが大失敗のもとだ。旧日本軍がそれをやったがために負けたようなものだ。そういうことをまたやろうとしているのか、国は。やり過ぎて悪いことはない。投入できるものは一気に投入する。ここで言えば、「閉めて下さい」という要請は一気にお願いする。社会インフラを支える仕事以外は「全員が仕事を休んで家にいて下さい」と。「家で仕事する分にはいいですよ」と。基本は「家にいろ！」だ。それくらいのことをやらないと。
仮に、それをやってやり過ぎだったらやり過ぎでいいじゃないか。二週間様子を見るということが何を言っているんだと。僕は怒りを感じる。まさに、ガダルカナルの失敗そのものだ。データはあとで見ればいい。まずは全部閉めると。イタリアにしたってフランスにしたって、経済の息の根を止めている。だけど、それよりも命が大事だということで強権発動してやってるわけだ。

【解説】 なんと玉川氏は、テレビ番組を通して国民に「家にいろ！」と命令したのです。これは、もはやゼロリスクの煽動者というより、ゼロリスクの命令者というべき恐ろしいファシズムです。

玉川氏の大きな勘違いは、戦力の集中投下は、根絶可能あるいは再起困難なダメージを与えられる相手には有効なこともある戦術ですが、新型コロナウイルスは、根絶させることもダメージを与えることも不可能な相手です。このような相手に対して経済を破局させる戦力の集中投下が最低の愚策であることは、北海道や韓国における再発事例からも実証済みです。何よりも、全国一律の緊急事態宣言のような非効率な集中投下を繰り返していたら、国民の生活がもちません。

新型コロナウイルスに対しては、情報化戦略に根差した戦力の逐次投入による医療崩壊の決定的回避こそが、合理的なリスク対応であることは自明です。

今回の新型コロナ危機で多数認められるのは、玉川氏のようなリスク管理に関する科学的スキルを全く持ち合わせていないド素人が、リスク管理のエキスパートのように振る舞って、非常識な説教を繰り返していることです。

東京は手遅れに近い

四月九日、WHO事務局長上級顧問を自称するキングス・カレッジ・ロンドン教授の渋谷健司氏は、「東京は手遅れに近い、検査抑制の限界を認めよ」なるネット記事を、ダイヤモンド・オンラインに投稿しました。

《日本の現状は手遅れに近い。日本政府は都市封鎖（ロックダウン）は不要と言っていますが、それで「80％の接触減」は不可能です。死者も増えるでしょう。対策を強化しなければ、日本で数十万人の死者が出る可能性もあります。（中略）

現在のような「外出の自粛」をベースとした緊急事態宣言によって、2週間で感染者数

がピークアウトするとはとても思えません。２週間後でも感染者数が増え続けている可能性さえあります。（中略）

ロックダウンはやるかやらないかではなく、やるしかないということです。本来であれば4月初めにロックダウンすべきでした。今からやっても遅すぎますが、やるしかない段階です》

専門家を自認する渋谷氏ですが、科学的根拠を述べずに次々と予測した内容は、ＵＦＯ評論家の予測並みにことごとくはずれました（笑）。

何よりも、「日本は手遅れ」と見立てたこの記事の僅《わず》か三日後に、確定日ベースの日本の新規感染者数はピークアウトしたのです。つまり、発症日ベースの日本の新規感染者数はその二週間前の三月末にすでにピークアウトし、日本政府の見立てどおり、ロックダウンは不必要なばかりか、緊急事態宣言なしでも新規感染者数が減少に転じる状況にありました。

このような絶望的な**【当て推量 guess】**を行う研究者に指導者のポジションを与えている疫学分野は、一体どうなっているのでしょうか。

四月十二日、ＴＢＳテレビ『サンデーモーニング』で、岡田晴恵氏は次のように述べています。

岡田晴恵氏：ニューヨークや欧州諸国の先進国で起きている現状を、私たちは未来の私たちかもしれないと受け止めなければいけない状況だ。私が一番気がかりなのは、二週間様子を見るということだ。やはり、経済対策よりも人命だ。いますぐにも強力な要請をかけて行動規制をかけるということをしないと、市中感染率が上がってきてしまう。そうすると、ニューヨークのように手遅れになる。いますぐにでもやるべきだ。

【解説】岡田氏が言う「経済よりも命」というのは、経済破綻《はたん》により失われる命よりも感染症によって失われる命のほうが優先されるということにほかなりません。毎日、ワイドショーで根拠薄弱に過剰な不安を煽ることで、日本国民をゼロリスク追求に誘導した最強のインフルエンサーである「コロナの女王」にとって、経済破綻した庶民が自殺に追い込まれることなど二の次なのでしょうか。

デマのスーパースプレッダー

日本最大級のポータルサイトである Yahoo! JAPAN に掲載される Yahoo! ニュースで、ゼロリスクを煽動するワイドショーやテレビ報道の内容を無批判で拡散しているのが、元日本テレビディレクターの水島宏明氏です。

デマ報道満載の『羽鳥慎一モーニングショー』を『Nスペ』よりも信頼できると称賛したかと思えば、同番組における玉川徹氏のデマ報道まで絶賛してしまう水島氏は、インフォデミックの【スーパースプレッダー super-spreader】にほかなりません。

その典型的な一例が、「『1か月前はイギリスも日本と同じだった!』連休前にニュース番組が注目した〝衝撃〟の事実」と称する四月二十五日の記事です。

水島氏は、NHK『ニュースウオッチ9』で放映されたイギリスの専門家の言葉と有馬キャスターのコメントを紹介したうえで、反証不可能な憶測を展開しています。

《(オックスフォード大学ピーター・ドロバック医師)「イギリスでは外出制限の導入時、すでに感染が全土に拡大していた。日本も残念ながら、いま同じことが起きているのだろう」

(中略)

(有馬嘉男キャスター)「単純比較はできませんけれど、イギリスは日本よりも強い措置を取ったのに犠牲者が急増した。そして、外出宣言も緩和される見通しがまだ立たないわけですよね。このイギリスの教訓、明快だと思います。手遅れにならないよう、外出を控えることです」

有馬キャスターが「明快だ」と表現したように、日本でも現在の死者数から1か月後に急増してイギリスの現在と同じように56倍くらいの2万人規模になっているか、あるいはそれ以上の数になっていても不思議ではない。なぜなら日本は法律上、罰則を伴う強制力がある都市封鎖ができないからだ》

水島氏は、日本の事情も知らない外国の研究者の根拠もない憶測、およびその憶測を利用して権威論証を展開した有馬キャスターを無批判に肯定しています。このような中立を装う【確証バイアス confirmation bias】に溢《あふ》れた業界人こそが、デマの集団感染を引き起こすのです。

自粛警察は究極のモンスター

人が主張を文によって宣言することを【言説 statement】と言います。この言説をいくつか組み合わせて論理的に説明することを【論証 argument】と言います。ゼロリスクの煽動者たちは、反証可能性のない「単なる言説」で危機を煽りますが、決して証明を伴う「論証」を発しません。本節で紹介した事例にもう一度目を通していただければ、この事実を確認できるかと思います。

今回の新型コロナ危機においては、紹介した事例の他にも、「中国全土からの入国を止めないと感染爆発する」「PCR検査を希望者全員に行わないと感染爆発する」「学校がクラスターになって感染爆発する」「中途半端に自粛を解除すると感染爆発する」といった合理的論拠を伴わない反証不可能な「単なる言説」がいくつも流布《るふ》されました。その結果として生まれた究極のモンスターが「自粛警察」です。

論拠のないゼロリスク煽動は、社会を心理操作するだけでなく制御不能にし、政府の判断にも大きな支障をきたします。インフォデミックがこれほど蔓延《まんえん》すると、日夜問題にあたっている安倍政権の意思決定の範囲も大幅に狭められてしまいます。

豊洲市場問題に明け暮れた二〇一七年の都議選で、小池都知事とワイドショーによるゼロリスク煽動に誘導された東京都民は、正論を唱えた都議会自民党に破滅的な制裁を加えました。暴走するゼロリスク追求者の洗脳を解くのは容易ではありません。

日本社会のために自粛すべきは、無責任なゼロリスクの煽動者です。

ゼロリスク追求は、【リスク risk】と【リスク管理 risk management】に対する絶望的な不理解に起因します。そこで、本章のしめくくりに、リスクとリスク管理に関する基本概念について簡潔にまとめておきたいと思います。
リスクとは次式で求められる量です。

リスク＝ペリルの生起確率×ペリルによる損害

ここで【ペリル peril】とは【損害 damage】を引き起こす危機的な出来事のことで、たとえば豪雨や地震がこれに当たります。三千万円の家を全壊させる豪雨が五十年に一回の確率で起こる場合、リスクは六十万円／年（＝一／五十年×三千万円）ということになります。

このように特定のペリルが起こって特定の損害が発生する事態のことを【リスク・シナリオ risk scenario】といいます。

ペリルの発生は必ず起こるわけではなく【不確実性 uncertainty】をもっています。この不確実性をコントロールしようとするプロセスがリスク管理（リスク・マネジメント）なのです。

リスク管理は【リスク評価 risk assessment】とそれに基づく【リスク対応 risk treatment】

から成ります。

リスク評価とは、事実に基づいてリスクを求める科学的プロセスであり、リスク・シナリオを発見する【リスク特定 risk identification】、ペリルが起こる確率と損害を分析する【リスク分析 risk analysis】、およびリスクを算出してその程度を見定める【リスク査定 risk evaluation】という三つのプロセスに分けられます。

また、リスク対応とは、リスク評価の結果と社会の意思に基づき対策を決める意思決定プロセスであり、ペリルの発生を抑止する（完全に抑える）【リスク回避 risk avoidance】、ペリルの発生を抑制する（コントロールして軽減する）【リスク低減 risk reduction】、リスクの一部を受け入れる【リスク分担 risk sharing】、リスクをすべて受け入れる【リスク保有 risk retention】の四つの対策に分けられます。

リスク対応において社会の意思を反映するにあたっては、リスク評価を社会に十分説明して、リスク対応への社会の合意を形成することが重要となります。この合意形成プロセスを【リスク・コミュニケーション risk communication】と言います。たとえば「五十年に一度の豪雨に耐えられる高さ二メートルの堤防を百億円で作りますが、それでいいですか」といったように行政が住民に説明して理解を得る作業がこれに当たります。

なお、ここまで説明してきたのは確率で予想できる出来事に対するリスク管理ですが、現実世界では九・一一テロ、サブプライムローン危機、福島原発事故など、予測が不可能あるいは極めて困難で社会に破滅的な影響を与える「極めて稀《まれ》で重大な出来事」が起こることがあります。ナシーム・ニコラス・タレブは、この出来事を【ブラック・スワン black swan】と名付けました。このブラック・スワンが発生した場合には、その存在を前提とした徹底的な【危機管理 crisis management】を展開する他ありません。

さて、ゼロリスクとは、ペリルによる損害を絶対に受けたくないという意志に基づき、ペリルの生起を完全に回避する結果、得られる状態のことです。

ただ、人間社会が厳密にゼロリスクを実現することは極めて高コストであり、ほとんどの場合において、ある程度のリスクを保有しながら生活しています。

たとえば、自動車を運行させることによって交通事故による損害リスクが存在する一方で、移動時間の短縮や物資の運搬などリスクと引き換えに得る【ベネフィット（便益 benefit】も同時に存在します。社会はこのリスクとベネフィットの大きさを比較し、リスクと引き換えにベネフィットを得るほうが得策と考えた場合に、リスクを受け入れるのです。

またこの時に、リスクを削減するのに必要な費用と削減されたリスク量を定量的に比較するのが、【リスク・ベネフィット分析 risk benefit analysis】と呼ばれるものです。

さて、人間が特定の危機に対して感覚的にリスクを見積もることを【リスク認知 risk perception】と言います。リスク認知にあたっては、想定される危機が未知の場合や危機が恐怖をもたらす場合に、より大きなリスクを感じることになります。

このようなケースに発生する認識上のリスクは、それぞれ【未知リスク unknown risk】、【恐怖リスク dread risk】と呼ばれ、ゼロリスクを追求する大きな要因となります。科学的知見に乏《とぼ》しく人命を突然奪う新型コロナ危機は、まさに未知リスクと恐怖リスクを認知しやすい危機であり、社会がゼロリスク追求に誘導されやすい状況にあると言えます。

社会がゼロリスクを選択する場合、リスク回避のみが危機に対するすべての関心事となり、ベネフィットは完全に無視されます。これは、絶対に損だけはしたくないという【損失に対する嫌悪《けんお》 loss aversion】という人間がもつ【ヒューリスティック heuristic】によるものです。

ヒューリスティックとは、瞬時の判断が必要な場合における「とりあえずの意思決定」のことであり、損失を本能的に回避することで、人間は生存能力を発揮してきました。

ただし、留意しなければならないことは、あくまでヒューリスティックは脳の完全なる思考プロセスをショートカットした「短慮」であり、意思を決定した瞬間から、思考停止に陥《おちい》ることなくその決定を確認・修正する必要があります。この確認・修正ができずに短慮をいつまでも変えられないのが、ゼロリスクの追求者なのです。

2.デタラメなリスク管理を強要するド素人たち

コロナ危機のリスク管理

【新型コロナウイルス感染症 COVID‐19】の【危機 crisis】を克服するにあたって極めて重要になるのが、感染症がもたらす様々な【リスク risk】を合理的な【リスク管理 risk management】を行うことで最小に抑制することです。

しかしながら、過去の原発事故や豊洲《とよす》市場の問題と同様、今回のケースにおいても、リスク管理に関する無理解から発生する不合理な俗説が散見され、日本社会が不必要に混乱しています。何よりも危惧《きぐ》されるのが、経済リスク対応が非常に軽視され、「命をとるか金《カネ》をとるか」という文脈で悪魔化されていることです。本章では、新型コロナ危機に対して日本がとるべきリスク管理の考え方について論じてみたいと思います。

一月二十日に新型コロナウイルスのヒトヒト感染を認めた中国共産党は、感染爆発が起こっていた武漢を一月二十三日に封鎖しました。これは、中国国内での感染拡大というペリルの発生を抑止するリスク回避策です。

しかしながら、この段階ですでに多くの市民が武漢を離れていたため、中国全土に感染が拡大してしまいました。そこで中国共産党は、徹底的な監視態勢により市民間の接触を禁じることで感染を抑止するという第二のリスク回避策を展開しました。

その結果、中国の感染は概《おおむ》ね収束するに至り、中国共産党は高らかに勝利宣言しました。ただし、この勝利宣言には大きな矛盾があります。

中国共産党の発表によれば、感染者数は武漢が位置する湖北省《こほく》を除いて十万人に〇・五人程度（湖北省は十万人に百人以上）に過ぎず、集団免疫を獲得できているレベルではありません。それにもかかわらず、新規感染者がほとんど報告されないのは蓋然性《がいぜんせい》が低すぎます。湖北省でさえ、集団免疫を獲得するには公式発表の数百倍の感染者が必要になります。その意味で、中国共産党は自国民を感染リスクに晒《さら》し続けていると言えます。

さて日本では、一月中旬に感染者の存在が判明しており、中国共産党が武漢を封鎖する前の段階で武漢から訪日した感染者が、日本各地にウイルスを運び入れたものと考えられます。

中国メディア・第一財経は、武漢発の航空機の座席数から、昨年十二月三十日〜本年一月二十二日の期間における武漢からの訪日者は約一万八千人であったと推定しています。

一月下旬に武漢から日本へ帰国したチャーター機内での感染率が一・四%であったことを考えれば、感染初期のこの期間に少なくとも二百人程度の感染者が訪日していた可能性があります。

一月中旬に東京の屋形船の従業員に感染させた武漢からの観光客や、一月中旬にバスツアーで運転手とガイドに感染させた武漢からの観光客がこれにあたります。しかしながら、中国共産党が情報隠蔽《いんぺい》していたこの段階ではリスク特定すら困難であり、日本政府のリスク対応は不可能であったことは自明です。

感染を遅らせた日本

中国共産党は、春節のホリデイシーズン前の一月二十三日に武漢を封鎖、続いて中国国民の海外団体旅行を禁止しました。日本政府は湖北省からの訪日者を一月三十一日から拒否し、次いで浙江《せっこう》省からの訪日者を拒否しました。3章で触れますが、この日本政府の措置に対して、たとえば『羽鳥慎一モーニングショー』の玉川徹氏などは、「なぜ中国全土を止めないのか」「中国から感染者がどんどん入って来ている」として安倍首相を徹底的に罵倒《ばとう》しました。

しかしながら中国からの訪日者数の観測値を基に確率計算をすれば、感染者が訪日する確率は二月の一カ月で〇・一人程度であり、仮に十倍感染者がいたとしても一カ月で一人程度が訪日するという期待値になります。これは、すでに二月末の段階で二百人以上の感染者が存在した日本においては誤差に近い値です（そもそも二月末の中国の感染率は、四月中旬の日本の感染率の十分の一のレベルでした）。

また、クラスター対策班が確定した湖北省からのウイルス輸入例は全十一例、そのほとんどが一月中に確認された武漢からの訪日者であり、最後の確定例は二月五日です。つまり、日本政府は湖北省と浙江省からの入国者のみ制限するというリスク対応で、中国から感染者が訪日するリスクをほぼ回避したものと考えられます。

政府・専門家会議・保健所・自治体・地方衛生研究所・感染症研究所・検疫所・クラスター対策班で構成される日本チームは、二月初旬からのクルーズ船対応で得られた知見を有効活用して、いわゆる「対策の日本モデル」を構築し、【決定論的手法 deterministic approach】で次々とクラスターを潰《つぶ》して、実効再生回数を一未満まで低下させました。

世間から徹底的に罵《ののし》られた安倍政権ですが、日本チームは見事に感染を遅らせて、先進主要国のなかで最低の死亡率を実現したのです。その意味で、武漢から来襲した第一波の新型コロナ危機はブラック・スワンではありませんでした。

中国以外の流入から感染

しかし、そんな成功も束《つか》の間、三月中旬からはそれまでとは比較にならない数の感染者が、中国からではなくヨーロッパ、エジプト、アジアから「どんどん流入」してきました。観測された輸入症例は、一月中旬から二月初旬までの一カ月では中国からの十一例＋不明一例の計十二例でしたが、三月に入ると主としてヨーロッパ、エジプト、アジアから第一週：七例、第二週：三十五例、第三週：六十九例、第四週：五十八例と約十五倍に増えてしまいました。

特に三月十一日のWHOによるパンデミック宣言後は、感染流行国からの帰国者が激増したと言えます。これだけ増えれば、感染が急速に拡散するのも無理はありません。実際に、三月下旬から東京を中心に新規感染者が増加していきます。この失敗の原因は、中国以外からの流入というリスク特定ができなかったことによります。

皮肉にも、中国からのフライトの乗り入れを一月末に停止した英・仏・蘭・独・伊など、EUの国々の水際《みずぎわ》対策は、安倍政権の水際対策を批判した人たちからは絶賛されていました。しかしながら、この措置は、域内を自由移動できるEUではザルのような制限に過ぎませんでした。

中国を危険視してEUを安全視した錯覚は、まさに小さなリスクに執着して大きなリスクを見逃す【一次バイアス primary bias】の典型例です。また、同様に二月一日に中国全土からの渡航者に対して入国を拒否した米国も絶賛されました。しかしながら、米国もEUからの感染者の流入を軽視していたため、リスク回避に失敗して感染爆発を起こしてしまいました。

いずれにしても、日本も欧米もリスク特定を失敗しました。そして、そのリスク特定の失敗につけ込んで襲いかかってきたのが真性のブラック・スワンです。ブラック・スワンの提唱者タレブは、新型コロナ危機は予想可能な事象でブラック・スワンではないとしていますが、欧米を極めて短期間に余儀なく無力化して甚大な被害を与えた感染爆発は、彼の言うブラック・スワンそのものです。東京五輪延期の原因も東京の感染爆発ではなく、世界の感染爆発にありました。

致死率と死亡率の混同

リスク査定の観点から見ると、最も多発している初歩的誤りは、感染の程度を「感染率＝感染者数／人口」ではなく「感染者数」で査定していることです。当然のことながら、確率計算を伴うリスク評価において、ある集団の特性を査定する場合、その集団における特性保有者の比率である「感染率」を代表値とすべきです。たとえば、四月五日の段階で最も感染率が高い都道府県は、東京都ではなく福井県です。また、神奈川県は感染者の絶対数では全国三位ですが、感染率は十三位です。

ちなみに、「浙江省の感染者数は、湖北省・広東省・河南省に次いで四位なのに、なぜ日本政府は湖北省と浙江省だけを入国制限したのか」という一部の政府批判も、同様の初等的誤りです。人口十万人あたりの感染者数は、広東省は一・二人、河南省は一・四人であり、浙江省の二・二人と比べて大きな開きがあります。日本政府が浙江省から優先的に入国制限したのは、極めて常識的なリスク低減策です。

もう一つの主要なリスク査定の初歩的誤りが、「致死率＝死者数／感染者数」と「死亡率

＝死者数／人口」の混同です。

新型コロナ危機において一般市民が必要とするリスク査定の値は死亡率であり、致死率ではありません。日本は世界の主要国と比べて死亡率が極めて低く、致死率がやや高くなっています。死亡率が極めて低いのは、日本のリスク管理が機能している証左です。致死率がやや高いのは、必要な患者に医療リソースを充《あ》てるために、ＰＣＲ検査をスクリーニングに使わずに偽陽性率《ぎようせいりつ》を低く抑えたためです。

『羽鳥慎一モーニングショー』や『サンデーモーニング』は、ドイツの致死率が日本よりも低いとして、ドイツを絶賛して日本を批判しましたが、肝心の死亡率については、ドイツは日本よりも数十倍高い値で推移しています（四月中旬現在）。まさに、テレビ番組が日本の危機を煽《あお》るために無理やり致死率に着目してミスリードしていた可能性があります。

英フィナンシャルタイムズは、世界各国の感染状況を比較するため、各国で死者数が十人を超えた時点からの死者数の時系列変動をまとめた結果、日本は、感染源の中国にとって最大の訪問先であり、武漢封鎖前に世界で最も多くの感染者が流入してかなり早期からウイルスの感染が始まっていたにもかかわらず、感染による死者数およびその増加割合は、世界の主要国のなかで最低レベルだったとしています（FT.com 四月六日更新データによる）。

政府への評価が低い日本

この成功の要因として考えられる仮説としては、①重症化を防ぐ日本モデルが機能している、②日本国民の公衆衛生に対する意識の高さが感染伝播《でんぱ》率を下げている、③日本国民は重症化を防ぐ抗体を有している（ＢＣＧ説）などが挙げられます。

そんななかで、日本国民が政府のリスク対応を肯定的に評価しているかとなると真逆です。

《各国の世論調査機関が加盟する「ギャラップ・インターナショナル」が実施した調査で、新型コロナウイルス感染拡大に「自国政府はうまく対処していると思うか」との質問に「思わない」「全く思わない」と答えた日本人は合わせて62％に上った。「とても思う」「思う」は23％にとどまり、回答した29カ国・地域中28位だった》（産経新聞四月十日付）

このように、日本国民の日本政府への評価が異常に低い要因としては、①日本政府のリスク・コミュニケーション能力の低さ、および②ワイドショーや一部ＳＮＳによる事実に基づくことのない日本政府への理不尽な罵倒への同調が考えられます。

まず、日本政府のリスク・コミュニケーション能力の低さは深刻なレベルです。特に、リスク・コミュニケーションの大前提となる専門家によるリスク評価（たとえば「接触八割減」の評価方法）を詳細に明示しないことには大いに問題があります。

また、厚労省による日々の感染データのインターネット広報についても、不親切極まりない絶望的なレベルです。図示がほとんどなく、数字や文字の羅列《られつ》に終始しているために、極めて理解しにくいばかりか、情報の探索も極めて困難です。

リスク対応についても単なる発表に終始して、その意思決定プロセスが極めて曖昧《あいまい》な状況となっています。情報化時代のいま、この問題に限らず、政府は国民への行政サービスのために、本格的な総合ポータルサイトを開設し、迅速かつわかりやすい情報公開を行うべきです。なお、政府は何もしないで傍観《ぼうかん》しているわけではなく、実際には極めて精緻《せいち》なコロナ対策のＩＴプロジェクトが現在進行中であることを、たまたま私は知っています。これが一刻も早く適用されることを祈るばかりです。

一方、この異常な低評価の最も大きな原因は、ワイドショーや一部ＳＮＳが個人的な確信や思い込みを根拠にして、実際には非常に常識的な安倍政権のリスク管理をヒステリックに罵倒して、【情報弱者 information poor】をミスリードしたことであると考えます。

1章でも紹介しましたが、特にありがちだった罵倒が、新たな情報を得ることで対応を逐次《ちくじ》確認・修正する【情報化戦略 observa-tional method】を展開する日本政府を、戦力を逐次投入して失敗した旧日本軍と同一視してバカにするものです（1章参照）。情報環境とデータ・プロセッシング能力が貧弱であった遠い過去の一例を根拠にして現在の情報化戦略を否定するなど、思考停止も甚《はなは》だしい暴論です。

命を奪う経済リスク

キメ細かく【リスク・ヘッジ risk hedge】することなしに勇ましく全戦力を投入する戦略は、リスク対応としては前時代的な無謀な賭けに他なりません。現代ではリスク・ベネフィット分析に基づいて、戦術の【ポートフォリオ portfolio】を合理的に構成するのがリスク対応の常識であり、むしろ必要な個所に戦力を適切に投入することが求められます。

新型コロナ危機に関する英インペリアル・カレッジ・ロンドンMRCセンターの報告書は、このようなメディアの悪影響を強く問題視しています。

基本的に新型コロナ危機に対処する方法は、ワクチンが開発されて集団免疫を獲得するまで、感染を遅らせることしかありません。しかしながら、緊急事態宣言を乱発して必要以上に自粛を促《うなが》すことも、また生命を脅《おびや》かすリスクとなります。

なぜかと言えば、長期にわたる生産活動の停止が引き起こす経済危機によって、現在観測されているような新型コロナによる死者とは比較にならないほど多くの経済弱者が大量に自殺する可能性があるからです。

現在まで死者数が低く抑えられている日本において、経済危機による自殺は今後最大の悲劇になりかねません。「経済よりも命」というありがちな主張は、実質的には「経済で死ぬ人よりも新型コロナで死ぬ人を助ける」ことを意味する無責任なゼロリスク追求です。

リスク対応の戦略として求められるのは、新型コロナ患者に適切な医療を提供する（医療崩壊を抑止する）ことを絶対的な制約条件としたうえで、感染による死と経済危機による死を最小化するリスク低減戦略に他なりません。

自殺者が一万人も低下

非常に重い内容ではありますが、自殺は社会の究極の苦悩が発現したものです。自殺者

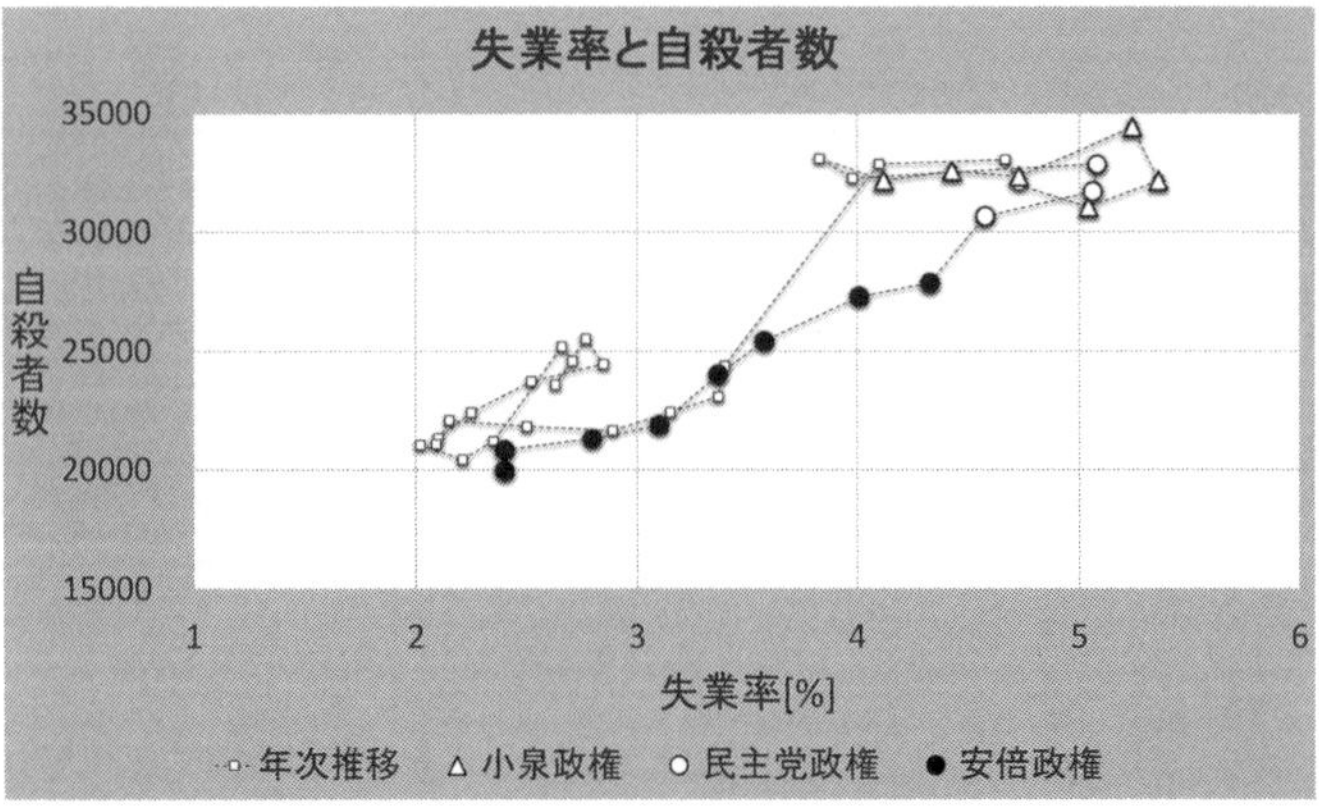

失業率と自殺者の関係

をとりまくミクロな環境が自殺のトリガーとなりますが、そのようなミクロな環境は、マクロな社会環境が背景となって生じているのがほとんどです。このため、マクロな環境を表す指標値と自殺者数の間には一定の相関関係が認められます。そのなかで、自殺者数と最も相関性が高いのが失業率です。

上図は、失業率と自殺者の関係を示した散布図です。時系列が追えるように各年のプロットを線で結んでいます。

グラフを見ると、小泉政権と民主党政権の時代に失業率が高く、自殺者も高い数値を示しています。小泉政権や民主党政権のような効率至上主義の小さな政府の政策は、経済効率に基づいて事業を仕分けるものであり、失業者の発生を許容するものです。この二つの政権時に自殺者数がもっとも多かったことは、理に適《かな》っていると言えます。

一方、安倍政権のような金融政策に踏み込み、財政出動をコミットする適度に大きな政府の政策は、雇用機会を増やして職に就《つ》いていない国民に雇用を与えるものであり、失業率は低下します。事実、安倍政権は失業率を一九八〇年代のレベルまで奇跡的に低下させ、民主党政権時代に約三万人／年いた自殺者を、二〇一九年までに約二万人／年まで低下させました。

この差である約一万人という数字は、年間交通事故死亡者数（二〇一九年：三千二百十五人）の約三倍の値《あたい》です。安倍政権は、すでに数万人の日本国民の命を救っているのです。

失業率と自殺者の関係

特に、経済・生活要因の自殺者数は約三千四百人／年となり、民主党政権時代と比べて半減しました。これは、多くの人が職に就くことによって、人間の幸福度に大きな影響を与えるとされる「小さな幸せ」を実感できたことによるものと考えます。

野党は、安倍政権を「金持ち優遇の独裁政権」と宣伝していますが、実際には安倍政権こそ、「自ら命を絶つ究極の弱者に寄り添った真のリベラル政権」であり、究極の弱者を切り捨てて自殺に追い込む社会を作っていたのは民主党政権であったと言えます。

今回の新型コロナ危機への緊急経済対策においても、安倍政権は当初、所得が急減した経済弱者を集中して救済する考え方を示しました。私たちが忘れてはいけないのは、失業率が一％上がると、自殺者が約四千人増える可能性があるということです。もちろん、マクロ経済には国民全体の経済活動が寄与するので、次には経済弱者以外に対する購買喚起対策が必要なことは言うまでもありません。

しかしながら、緊急経済対策の第一弾として、生命リスクの低減に最も効果的な雇用確保をしっかりとおさえたことは評価できると考えます。

ちなみに、ＩＭＦは新型コロナ危機の影響で二〇二〇年の世界の実質成長率をマイナス四・九％、日本の実質成長率をマイナス五・八％と予測（六月二十四日）。これは極めて深刻な値です。二〇〇九年の日本の実質成長率はマイナス五・四％でしたが、このとき失業率は一・一％増えています。自殺者が四千人増えるリスクは、けっして架空のものではありません。

ワクチンの完成までに今後一年ないし二年程度が必要なことを考えれば、それまでの間に医療崩壊が発生しないように重症者の発生を抑制する必要があります（「感染者」の発生ではなく「重症者」の発生であることに注意）。このためには、現在行われている感染リスクの低減対策だけに頼るのではなく、感染者に対する早期治療薬の投与を加えた重症リスクの低減対策を充実させるべきです。

一方、この制約条件の下で経済的損失を最小化するよう経済活動の自粛制限の最適化が重要になります。集団免疫を獲得しない限り、自粛で感染率を一時的に低下させても、自粛を終了すれば感染率は再び上昇します。このため、事業タイプごとに自粛の効果を定量化し、その必要性を見極めることが重要です。

また、感染の伝播率（ウイルスの伝播しやすさ）を低減させる方策（「三密」の回避等）の充実も重要です。接触率（ウイルスとの接触の頻度）を上昇させても伝播率を顕著に低下させれば、感染率を抑制することができます。

いずれにしても、感染対策と経済対策は、一方を強引に推進すれば一方を崩壊させる【トレードオフ trade-off】の関係にあります。したがって、両者の死亡リスクを最小化するためには究極のリスク・ベネフィット分析が必要になります。

日本政府は、ウイルス学の専門家のみならず計量経済学の専門家を活用することで分野横断型のリスク評価を行い、国民とのリスク・コミュニケーションを通して、適切なリスク対応を意思決定すべきです。これこそが、民主主義国の日本がとるべき道です。

3. コロナ禍を弄んだモーニングショー（前）

コロナの日本上陸から一時収束まで

電波を私人が乗っ取った

社会に何かしらのハザードが発生すると、それをネタに社会に過度な不安を与え、政権をスケープゴートにして全責任を押し付けるというのは、一部マスメディアや活動家の常套《じょうとう》手段です。彼らは、社会の不安を悪用して理不尽なゼロリスクを求めることで、問題解決に取り組む政権をヒステリックに批判するのです。そして、いつもこの茶番劇の犠牲にされるのは、社会で真面目に働いている善良な市民です。

一部マスメディアや活動家は、たとえば東日本大震災では、放射能デマを拡散して理不尽に原発を停止させ、国民と産業に多大なる電力料金のサーチャージを課しました。沖縄基地問題では、「新基地」なる理不尽な解釈で沖縄県民に辺野古《へのこ》基地を反対させ、世界一リスキーな飛行場を未だに放置しています。豊洲《とよす》市場問題では、「安全と安心は違う」という理不尽なスローガンの下に不必要な環境浄化を行って、莫大な税金を無駄遣いしました。原発処理水の問題では、風評被害が発生するという理不尽なデマを流して、問題の解決を妨害しています。

そしていま、新型コロナウイルスの問題では、理不尽な根拠で政府の対策を罵倒《ばとう》して、社会を混乱させています。

今回の新型コロナ危機において、先頭に立って社会を混乱させているのが、朝のワイドショー『羽鳥慎一モーニングショー』です。

司会の羽鳥慎一氏とレギュラー・コメンテーターの玉川徹氏（テレビ朝日社員）は御用コメンテーターとともに、連日にわたってヒステリックに政権を批判し、ＰＣＲ検査を広く実施するようテレビ越しに要求してきました。まさに、公共の電波が特定の思想を持った私人に乗っ取られてしまったと言えます。

本章では、コロナの日本上陸から三月の一時収束までの期間に、この番組でどのような情報が流布《るふ》されたのか紹介したいと思います。

さて、『モーニングショー』の具体的な放送内容を分析する前に、当該期間における新型コロナ危機の進行状況を簡単にまとめておきたいと思います。

二〇一九・一二・八　武漢で初感染

二〇二〇・一・一　武漢の市場閉鎖

一・一六　日本で最初の感染者
一・二〇　中国、ヒトヒト感染発表
一・二三　中国、武漢封鎖
一・二四　中国、国内団体旅行禁止
一・二五　日本、旅行者の感染確認
一・二七　中国、国外団体旅行禁止
一・二九　チャーター機第一便帰国
一・三一　WHO公衆衛生緊急事態
二・一　日本、湖北省からの入国拒否
二・二　米国、中国全土から入国拒否
二・三　クルーズ船横浜到着
二・二五　政府、基本方針発表
二・二六　首相、イベント自粛要請
三・二　学校休業開始
三・一一　WHOパンデミック宣言

三・一三　改正特措法成立

実は、中国がコロナウイルスのヒトヒト感染を発表した翌日、『モーニングショー』は全く危機感もなく、「春節、中国人観光客に人気がある観光スポット」なる中国人観光客を歓迎する企画を呑気《のんき》に放映していました。玉川氏にいたっては、フェイクニュースを流して箕面《みのお》市長から抗議を受けたほどです。

ところが、この二日後に武漢封鎖が発表されると、一転して新型肺炎の話題をメインニュースとして報じることになります。そして、番組がヒステリックな政府批判を本格的に開始したのは一月末あたりからです。

当て推量でデマ報道

〈中国人がどんどん入って来る〉

玉川徹氏：新規の発生数は、武漢以外の所の新規の患者のほうが上回っていく可能性がある。いま、武漢からは一般民間機が日本に飛んで来ないが、武漢以外の所からは当たり前に日本に飛んできている。そういう形で、どんどんどんどん入って来る（一月三十日）。

【解説】 これは、状況を分析することもなく、当て推量で憶測した典型的なデマ報道に他なりません。2章で詳しく説明しましたが、簡単な確率計算をすれば、武漢が封鎖されて中国国民の国外団体旅行も禁止されていた一月三十日の段階で「どんどん入って来る」という可能性は極めて小さかったと言えます。

なお、日本政府が世界に先駆け、武漢のある湖北省のみに入国制限をかけた（のちに二番目に感染率が高い浙江省《せっこう》を追加）ことは、非常に合理的なリスクマネジメントであったと言えます。感染症防止の観点からすれば、中国全土を入国制限する効果はほとんどありませんでした。

日本に新型コロナウイルスを持ち込んだのは、一月二十二日以前に武漢から来日した旅行者と考えるのが合理的です。これを日本政府が阻止することは事実上不可能であったことは自明です。

〈緊急事態条項〉

玉川氏：ドサクサ紛《まぎ》れに、自分たち（改憲論者）の野望（緊急事態条項）をこの機に実現させようという動きは不誠実だ。いま何が問題かと言えば、対応が後手に回っていたり不十分だったりする政府の能力であって、仮に緊急事態条項が憲法にあったとして、能力の低い政権がそんな諸刃《もろは》の剣《つるぎ》を持っていたら何をやらかすか、そっちのほうがよっぽど心配だ。あとから振り返った時に、「何をしてくれたんだ」ということをやってしまう可能性がある諸刃の剣だと、もう一回言っておきたい（一月三十一日）。

【解説】 このような危機が存在するからこそ、日頃から緊急事態条項の必要性を議論することが重要であると言えます。自分の価値観を国民に押し付けて支配するような玉川氏の断言口調は、極めて傲慢《ごうまん》です。大きな勘違いをしているものと考えます。

先を読めない玉川氏

〈感染者隔離用チャーター船〉

岡田晴恵氏：過去には病気が流行すると、お金持ちがクルーザーで沖に行って自分の身を守るということがよくある。武漢から航空機での帰国者に船（チャーター船）を使うのはいいと思う。船は効果的だ（一月三十一日）。

【解説】この日に至るまで、尾身茂《おみしげる》氏、勝田吉彰《かつだよしあき》氏、木村盛世《きむらもりよ》氏などの専門家をコメンテーターに起用していた番組ですが、この日を境に六月十九日までの長期間にわたって欠かさず岡田晴恵氏を起用し続けることになります。

岡田氏は、航空機での帰国者の隔離場所が不足している問題の解決法として、チャーター船を隔離に使うべきと主張しました。この提案が無責任な耳学問に過ぎないことは、わずか一週間後にクルーズ船で感染者が大量発生して、見事に証明されることになります。

〈後手後手の対応〉

玉川氏：米国がやり過ぎなのかといえば、やり過ぎではない。米国は先を読んで先を読んで手を打っている。日本の場合のいままでの対応を見ていても、後手後手になっている。なぜ、入国制限を中国全土にしないで湖北省に限定しているのか、合理的な説明が見出《みいだ》せない（二月三日）。

【解説】統計学的な見地に立てば、感染率の空間分布に極めて大きな差がある中国全土を入国制限した米国は不合理であり、他地域よりも百倍以上感染率が高い湖北省のみを入国制限した日本に合理性があります。

リスクマネジメントの知識も持たずに思考停止に安易なゼロリスクを称賛する玉川氏は、先を読めない極めてナイーヴな人物です。

〈クルーズ船隔離1〉

青木理《おさむ》氏：この豪華客船（ダイヤモンド・プリンセス号）は、ある種、隔離をするためには、されるほうも最適と言ったらあれだが、環境としては食料を補給すればそれなりに対応できる。

羽鳥慎一氏：乗っている方も安心なのかもしれないと（二月四日）。

テキトーに前言を翻す

〈クルーズ船隔離2〉

羽鳥氏：サイエンス的には、帰さないで船の上にいたほうがいいということですね。

岡田氏：（航空機の）帰国者と同じようにやる（隔離する）ことが必要だ（二月四日）。

【解説】以上は、この時点における青木氏と岡田氏のクルーズ船に対する認識です。のちに青木氏は、クルーズ船での隔離を人権侵害であるかのように批判し、岡田氏は早く降ろしたほうがいいと主張することになります。常に無謬《むびゅう》であるかのように振る舞って、他者にネチネチとお説教するワイドショーの出演者ですが、その認識は本当にテキトーです。

〈政府陰謀論〉

玉川氏：ここまで後手後手が続くと、別の理由が考えつく。「後手後手になっているのは、政府が一気に強制力を持っていろんなことができないせいだ。だから緊急事態条項が憲法改正で必要だ」という世論の盛り上がりを待っている（二月十一日）。

【解説】政府の対応が後手後手なのは、緊急事態条項の必要性をアピールするためとする【陰謀論 conspiracy theory】を展開する玉川氏です。陰謀論は証明を必要としないため、根拠なく他者を貶《おとし》めることができます。つまり、全く意味がない誹謗《ひぼう》中傷に他なりません。

〈クルーズ船下船〉

岡田氏：医療を確保するために検疫も大事だが、あと一週間したら亡くなる方も出てくる可能性がある。なかではレントゲンもないし、CTもない。聴診だけでは医療の確保がいかがなものか。

私は、救命ということで、一度下船させて病院に行かせるとか、医療確保を検討する時期ではないかと。それはサイエンスとしては間違っていると思うが。

玉川氏：下船させることが必要ではないか。以前言っていたことと変えなきゃいけないと思うが（二月十二日）。

【解説】「船での隔離は効果的」と主張していた岡田氏が自説を真逆に翻《ひるがえ》して、早く下船させたほうがいいと主張を変えました。玉川氏も同様です。他人には先読みを求めて罵倒する一方で、自分はテキトーに前言を翻すこの人たちは、不公正であると同時に保身に長《た》けています。

〈希望者全員ＰＣＲ検査〉

玉川氏：軽症かどうかもわからない。感染しているかどうかわからなかったら、自分が軽症者かどうかもわからない。だから、ＰＣＲ検査を希望者全員が受けられるような態勢を早急に構築することが全ての基本だ（二月十四日）。

【解説】 この頃から、玉川氏は執拗《しつよう》にＰＣＲ検査をするよう番組を通して政府に要求するようになります。新型肺炎のＰＣＲ検査は高くても感度七〇％程度、特異度九九％程度という特性を持ち、これを医師のスクリーニングなく行えば、陽性となる事前確率が小さくなるため、大量の偽陽性《ぎようせい》を出すと同時に、何人もの陽性患者に偽陰性《ぎいんせい》のお墨付きを与えてしまいます。

その結果、偽陽性の被検者は武漢や北イタリアで起きたような医療崩壊を起こす原因となり、偽陰性の陽性患者はウイルスをまき散らすことになります。

ＰＣＲ検査は、あくまでも医師から陽性となる事前確率が高いとスクリーニングされた患者に対する確定のための検査です。希望者全員が受けられるようにするというのは、ＰＣＲ検査の目的と限界を理解していない愚の骨頂です。

〈クルーズ船感染率〉

岡田氏：チェックをしないでほっぽっておいたから、クルーズ船がこれだけの感染率になった（二月十八日）。

【解説】 感染研の疫学調査の結果、内部の感染は二月三日にクルーズ船が横浜に入港する前に発生していたものであり、乗客を自室に留めた日本政府の対応は有効であったことが判明しています。WHOも対応を評価しています。岡田氏の主張は、明らかに誤りです。

〈政府の危機感〉

玉川氏：危機感が感じられない。もう一カ月以上ずっと言っているが、どこかで改めてもらいたいと思っていたが、政府には未だに危機感がない（二月二十日）。

【解説】一月二十一日に、「春節、中国人観光客に人気がある観光スポット」なるオチャラケ企画で大笑いしていた玉川氏の言葉とは思えません。聞いて呆れます。

今回も韓国絶賛、日本揶揄

〈韓国PCR検査大絶賛〉

羽鳥氏：（日韓で）何でこんなに違うんだろう。

玉川氏：人口比で言えば、日本ですでに一万件以上の検査ができているのと同じことだ。

羽鳥氏：韓国はできている。

玉川氏：日本でもできるはずだ。ただやってないだけだ。

羽鳥氏：なんでやらないんだろう。何かあるのか（二月二十日）。

【解説】ＰＣＲ検査をスクリーニングもしないで乱用した韓国を絶賛し、慎重に適用する日本を揶揄《やゆ》する羽鳥氏です。韓国がＰＣＲ検査を拡充したことで陽性患者が増え、一部で医療崩壊を招いたことを議論することもなく、公共の電波で幼稚なレトリカル・クエスチョンを繰り返して大衆誘導しています。

〈九歳の男の子の肺炎〉

青木氏：九歳の男の子が一週間高熱が続いて肺炎と診断されても、検査をしてもらえない。これはいつの時代のどこの国の話だ！（二月二十日）。

【解説】このケースには各局のワイドショーが飛びついて医療関係者を悪魔化しましたが、結局は医師の診立てどおり、男の子はマイコプラズマ肺炎を発症していました。このようなヒステリックな騒動こそが医療リソースを蝕《むしば》み、医療崩壊を誘発します。科学的根拠なく専門家を悪魔化した青木氏は恥じるべきです。

〈クルーズ船データの取り扱い〉

玉川氏：日本政府はクルーズ船をまだ国内じゃないと言っている。

羽鳥氏：（感染者の）人数は報道としてはもう一緒にしているが、厚労省は分けているんで「クルーズ船を含む」という文言《もんごん》が付く。

玉川氏：厚労省は、未だにクルーズ船のなかの出来事は国内の出来事ではないという立場に立っているが、国外のオペレーションでこの体《てい》たらくということは、国内の話になった時はこの能力が引き継がれる。もうとんでもない話で、政治も何をやってるんだ！（二月二十日）。

【解説】クルーズ船のデータを日本国内のデータと一緒に取り扱っているのは日本のマスメディアだけであり、WHOを含めて世界の研究機関は明確に区別しています。自分たちが非常識であることを認識していないで勝手にキレている哀れな人たちです。

〈検査態勢の拡充〉

玉川氏：多分、政府関係者はこの番組を観てるでしょ。常にチェックされているんだから、どうせ僕の発言とか。観てるんだったら（検査態勢の拡充を）やりなさいよ！　早く！

岡田氏：専門家の先生方は、私が言っていることは百も承知だと思っていると思います。それが議論できないというのは、私は専門家会議には呼ばれていませんので分かりませんし、呼ばれたくもございません！（二月二十日）。

【解説】哀れなほど自意識過剰な人たちですが（笑）、なんと政府は実際に玉川氏と岡田氏のコメントを記録していたことが判明しました。デマを頻繁に流す番組を監視することは、それはそれで国民にとって有益なサービスであると考えます。一方で、岡田晴恵氏が専門家会議に呼ばれるわけがないというのは大方の意見が一致するところかと思います（笑）。

〈クラスター調査〉

岡田氏：もう追跡調査はやめたほうがいい。集団感染（クラスター）が地域でポンポン出てきて、それがつながると蔓延《まんえん》になる。ポンポン出てきている時に、大事な人力を割《さ》いて濃厚接触者の追跡なんかやる必要があるんだろうか。もうその次元は超えているだろうと。

大谷義夫氏：岡田先生のおっしゃるとおりだ（二月二十六日）。

【解説】専門家会議は、データを根拠にして、クラスターの早期発見・早期対応が感染者数の増加のスピードを抑えることにつながっていると述べています。岡田氏はいい加減なことを軽々に主張しています。なお、この頃から、クリニック院長の大谷義夫氏が出演者のコメントを片っ端から肯定しまくる存在として登場するようになりました。なぜかわかりませんが、診察するわけでもないのに白衣をまとっての出演です（笑）。

〈韓国新型コロナ対策大絶賛〉

羽鳥氏：韓国は対応が違う。危機意識も違うと思う。早い対応ができる。

岡田氏：今回、大統領が認識を「終息宣言」から急に「深刻」に上げた。対応の速さ、自分で旗を振っている。そこが凄いところだ。私が昨日、日本の基本方針を読んで大ショックだったのが、結局、厚労省マターでしか基本方針が出てない。

浜田敬子氏：危機感が、なんで国によって違うのか。

玉川氏：もうイライラしてくる。毎日やってるし。

羽鳥氏：危機感も、韓国の検査態勢を見ると日本と違う（二月二十六日）。

【解説】大量の感染者と死者を出して世界中から入国拒否されている韓国の新型コロナ対策を、一糸乱れずにここまで大絶賛するのはもうギャグです（笑）。

すぐに否定された陰謀論

〈疫学調査の提案〉

岡田氏：たとえば、横浜なら横浜で全数調査をやってほしい。そうすると、市中感染率と臨床症状もある程度わかってくる。やるべき、と私は学者として思う。

大谷氏：全く賛成だ（二月二十七日）。

【解説】ＰＣＲ検査の目的と限界を理解していないとしか考えられない発言です。罹患率《りかんりつ》が極めて低いなかで全数調査を行えば、陽性と判定された被検者のほとんどを偽陽性の被検者が占めることになり、何の知見も得られずに莫大なコストと時間を無駄にすることは自明です。

〈感染研悪玉論〉

岡田氏：中枢にある政治家の方からも電話がかかってくる。それは抗《あらが》いがたいほど大きな巨大な力と思っていた。「これはテリトリー争いなんだ。このデータは凄く貴重なんだ。

『このデータを感染研が自分で持っていたいと言った』と言う感染研OBがいる」と（二月二十八日）。

【解説】PCR検査を邪魔しているのは感染研である、という陰謀論を番組中にいきなり語り始めた岡田氏ですが、感染研の所長がすぐに反論して全否定しました。岡田氏はその後、この件について一切触れていません。テレビ朝日のコンプライアンスはどうなっているのでしょうか？

〈コロナ疎開〉

ナレーション：昨日から全国で始まった一斉休校、ネット上である言葉が話題になっています。それが「コロナ疎開」「コロナの影響で娘を実家に疎開させています」（三月三日）。

【解説】インターネットサイト「ねとらぼ」がSNS分析ツールを使用して解析した結果、放送前日まで「コロナ疎開」という言葉はほとんど使用されていなかったことが判明しました。ほとんど使用されていないのに「話題になっています」というのは、明らかに捏造《ねつぞう》です。番組からの説明はありません。

〈アベの陰謀〉

羽鳥氏：安倍総理が特措法改正にこだわる理由について、政治アナリストの伊藤惇夫《あつお》さんが、「後手後手」という批判を払拭《ふっしょく》するために総理主導で進んでいるとアピールしたいから法改正なんじゃないか、という背景があるんじゃないかということです（三月五日）。

【解説】内閣官房国際感染症対策調整室は、この発言の内容に対して翌日、全面否定しました。そもそも、何の根拠もない個人の憶測をこのような形で報じることは、情報番組として極めて不誠実です。

〈PCR検査〉

玉川氏：我々の番組も全員検査しろという話をしているのではなく、感染が疑わしい人は全員検査できるような態勢を作るべきだ、とずっと言っている。そこを勘違いしている人も結構いる（三月九日）。

【解説】少なくとも最初は、玉川氏は「希望者全員」と言い、岡田氏は「全数調査」と言いました。嘘《うそ》をつかないで下さい。

突然「終わった話」と

〈専門家を選ぶ？〉

玉川氏：軽症肺炎を早く見つけて対処することがいかに大事かは、専門家会議でも認めたことだ。番組によっては、そうでない主張の番組もある。

それは結局、そういう専門家の方は「私見を述べて下さい」と言われて招かれてしゃべるわけだから、当然そういうような話をされるわけで、番組がどういう専門家を選んでいるかも問われる時代になるだろう。上昌広《かみまさひろ》先生は、軽症の段階から治療を始めるのが重要だと言っていた（三月十一日）。

【解説】そもそも多様な意見を紹介すべきテレビ番組であるはずの『モーニングショー』が、反対意見を持つ多くの専門家を一切出演させずに、自らの主張に合致《がっち》する専門家ばかりを選んで政治的主張を行ったことは言語道断であり、完全なる放送法違反です。

公共の電波を使って何様のつもりなのでしょうか。自分たちがどんなに矛盾に溢《あふ》れた放送をしているのか、きちんと検証して下さい。国民を舐《な》めるのもいい加減にして下さい。

〈PCR検査の議論は終わった話〉

玉川氏：やらなければいけないことは決まっていて、医療崩壊を起こさないことが一番大事なことだ。ＰＣＲ検査をしたほうがいいかどうかは終わった話だ（三月十六日）。

【解説】この日、突然に玉川氏は、ＰＣＲ検査の議論は終わった話と言い出しました。日本社会に医療崩壊を起こしかねないこの番組の暴走を、おそらくテレビ朝日が止めたものと考えられます。

散々、反論を許さずにＰＣＲ検査を神格化し、ウイルスと必死に戦っている日本社会および日本政府を混乱させたこの番組の罪は極めて大きいと考えます。日本国民はこの欺瞞《ぎまん》に怒るべきです。

4．コロナ禍を弄んだモーニングショー（後）

緊急事態の宣言前夜から解除まで

ゼロリスク＝PCR教団

コロナ禍の日本において、『羽鳥慎一モーニングショー』は、ゼロリスクを煽《あお》りながらデマ報道や問題報道を何度も繰り返し、国民全員PCR検査をエンディングとする過激なロール・プレイング・ゲームに視聴者を引きずり込むことで、視聴率を稼いだと言えます。

番組は、ゼロリスクの追求とPCR検査の大量実施こそが正義であり、日本国民を危機に晒《さら》す感染拡大の要因は、無能で世界最低の日本政府が経済を優先させるがためにPCR検査を十分に拡大しなかったことによる、という主張を繰り返しました。有無を言わせないこの善悪二元論は、「ゼロリスク＝PCR教団」と呼ぶに相応《ふさわ》しい宗教的なクラスターを形成しました。

レギュラー・コメンテーターでテレビ朝日社員の玉川徹氏は、番組の論調を説《と》く預言者であり、そのシャーマン的存在が一月末以来、毎回出演を続ける「コロナの女王」こと岡田晴恵氏です。司会の羽鳥慎一氏は預言者の忠実な太鼓持ち。

曜日別コメンテーターの青木理《おさむ》・浜田敬子・高木美保・吉永みち子・長嶋一茂各氏は、

ヒステリックな御用コメントで預言者をサポートする使徒です。

また次々と番組に出演する「専門家」を称する人物は、すべて預言者の論調を肯定するために招かれた司教的存在です。

なお、政治評論家の田﨑史郎氏は例外的に預言者に意見しますが、その都度クラスター全員から激しい集中攻撃を受け、しばしば罵声《ばせい》も浴びせられています。

このような絶対的な教義を持つ宗教的クラスターは、番組視聴者をミスリードし、多くの善良なる医療従事者、公務員、そして一般市民に至るまで大迷惑をかけています。この章では、緊急事態宣言の発令前から解除に至るまでの期間における同番組の問題事例について、論点ごとに分けて分析したいと思います。なお、当該期間における新型コロナ危機の進行状況を簡単にまとめると次のとおりです。

二〇一九・三・二四　東京五輪の延期決定
三・二五　小池都知事緊急会見
三・二七頃　新規感染者数ピーク（発症日ベース）
三・二九　志村けんさん逝去

四・三　　西浦氏八割接触減要請
四・七　　緊急事態宣言
四・一二頃　新規感染者数ピーク（確定日ベース）
四・一五　西浦氏四二万人死亡説
四・一六　緊急事態宣言全国拡大
四・三〇　コロナ対応補正予算成立
五・四　　緊急事態宣言延長
五・二五　緊急事態宣言解除

ここで注意すべきは、三月二七日の新規感染者数ピーク（発症日ベース）は五月中旬に専門家会議によって発表されたものであり、リアルタイムには日時を特定できません。ただし、四月二〇日頃には、四月一二日頃に新規感染者数ピーク（確定日ベース）があることは概《おおむ》ね判明しており、その約二週間前の三月下旬に新規感染者数ピーク（発症日ベース）がピークアウトしたことは、その時点でほぼ確実視されていたと言えます。

ゼロリスクの盲者たち

今回の新型コロナ危機においても、日本社会に必要以上の経済的ダメージを創出したのは、ゼロリスク教に侵《おか》されたリスク管理の素人《しろうと》による無責任な発言と言えます。

倉持仁氏（呼吸器内科院長）：諸外国のトップは皆、強い声で言っている。都市封鎖しないと間に合わない。いま、ギリギリだ。外国は十日間で一万人になった。日本だけそうならないと思うほうがおかしい。

一番大事なことは、経済は結果に過ぎないから人命第一で動いて、あとで後悔することはまずない。お医者さんがダメだと言ったらストップして大事をとる。それで健康が担保される。（三月二十四日）

岡田晴恵氏：私も、リスク管理で最悪を考えて首都封鎖ができないものかと思っている。

田坂広志氏（多摩大学大学院教授）：リスクマネジメントというのは、最悪の状態を見つめることから始まる。専門家会議は、国民の安全と健康を守る観点から、最悪の事態を想定しても大丈夫という厳しい判断をして、何かの指示を与える権限を与えるべきだ。リスクを下げるのは安全の観点では絶対必要。もう一つ大切なのは安心できるかということだ。（三月二十六日）

【解説】知っておいて損がないことですが、「リスク管理とは、まずは最悪の事態を回避すること」と主張する人は、一〇〇％リスク管理のド素人であるということです（笑）。

今回の新型コロナ危機においても、リスク管理のド素人たちが揃いも揃ってこのマジック・ワードを叫びました。真のリスク管理とは、最悪の事態を含むすべてのリスクシナリオを想定して、最も合理的な対応策のポートフォリオを選択することであり、思考停止して最悪の事態を回避することはゼロリスクの追求に他なりません。

また、「安心が大切」なる言葉も際限なくゼロリスクを追求する理不尽な口実になります。その典型的な例が、マスメディアが唱えた「想定外は許されない」なる非論理的な言説を根拠に、日本の全原発を超法規的に停止した民主党政権です。

ちなみに田坂氏は当時の民主党政権で内閣官房参与を務め、リスク管理を担当していました。不幸なことに、この原発停止により日本社会は現在も莫大な経済的損失を被《こうむ》り続けています。

倉持氏：諸外国のデータを見れば、日本だけ感染者が増えないなどあり得ない。外国の数以上を想定して、国・自治体は準備を至急しなければいけない。感染者を一人も出さない覚悟でやらなければ、絶対にNYやイタリアのような悲惨な状況になる。（四月一日）

【解説】現実には、倉持氏の主張する「あり得ない」ことが起きて、「絶対になる」ことは起こりませんでした。この粗雑なリスク評価こそが、ゼロリスク追求者の真髄です。

浜田敬子氏：横浜市大のシミュレーションで東京都の場合は九八％接触を減らさないと感染が抑えられないという数字があるので、八割削減というのが甘めという印象を持った。（四月八日）

【解説】判断能力のないゼロリスク追求者はトンデモ情報に躊躇《ちゆうちょ》なくとびつきます。

玉川徹氏：（国が）二週間様子を見るということに、僕は物凄く違和感がある。よくコロナとの戦いは戦争にたとえられるが、戦力の逐次《ちくじ》投入というのが大失敗のもとだ。旧日本軍がそれをやったがために負けたようなものだ。そういうことをまたやろうとしているのか、国は。やり過ぎて悪いことはない。投入できるものは一気に投入する。基本は「家にいろ！」だ。それをやってやり過ぎだったらやり過ぎでいいじゃないか。僕は怒りを感じる。まさに、ガダルカナルの失敗そのものだ。

【解説】この発言については、すでに1章で解説しました。明らかな事実として、新型コロナウイルスは、たとえロックダウンしても簡単には根絶できません。このような事実を無視して戦力の集中投入を行うことは、まさに一億玉砕《ぎょくさい》そのものです。「やり過ぎて悪いことはない」などという言葉は、コロナでダメージを受けるどころか逆に商売に利用しているお気楽な高給取りの無責任な戯言《ざれごと》に過ぎません。自粛をやり過ぎれば、必ず経済を圧迫して経済弱者に絶望的なダメージを与えるのは自明です。

一般に未熟な人物ほど自分を過大評価する傾向があり、これを【ダニング＝クルーガー効果 Dunning-Kruger effect】と言います。このダニング＝クルーガー効果が強く作用すると、自分は他者よりも優れていると錯覚します。これを【優越性の錯覚 illusory superiority】と言います。他者を愚者のように非難したうえで自分は賢者のように振る舞う玉川氏のようなゼロリスクの盲者たちは、明らかにこの優越性の錯覚に陥《おちい》っています。

そして、この似非《えせ》賢者たちにゼロリスクを命令されたお気楽な【情報弱者 information

poor】もまた、優越性の錯覚に陥ってゼロリスクを信じ込みます。これこそがゼロリスク教というカルトの拡大メカニズムに他なりません。

検査、検査、検査

『モーニングショー』は、PCR信者のPCR信者によるPCR信者のための番組です。そこにあるのは、確証バイアスに満ち溢れた単なる放言であり、検証を伴う議論ではありません。WHOのテドロス事務局長による「検査、検査、検査」という発言を誤解釈し、重症回避に必要な「検査の質」ではなく、下手な検査も数撃ちゃ当たる的な「検査の量」を絶対的な価値観としています。

玉川氏：ドイツは致死率が〇・七八％と低い。日本は三％以上の致死率だ。ドイツは徹底的に検査をやった。軽症者も隔離している。その結果、これだけ致死率が低く抑えられている。だから検査をやらなければいけない。（三月三十日）

【解説】本末転倒な言説です。医療の目標は致死率（死亡者数／感染者数）を減らすことではなく、死亡率（死亡者数／人口）を減らすことです。日本の死亡率はドイツの十分の一未満です。

玉川氏：検査は必要だ。当たり前だ。何かを「やれ！」って言われた時に「できません」と言う人間は、どんな社会でも一番使えない。「じゃあ、お前もういい」と。やっぱり有能な人間は、「これをやりなさい」と言った時には何らかの方法でそれを突破して実現する。検査もそういうことだ。

軽症者を隔離する方法もだいぶ前から言っている。「できません」じゃない。「やれ！」なんだ。そのために政治家が選ばれている。政府は言い訳しないでやれ！（四月一日）

【解説】何様のつもりでしょうか。「ホームランを打て」のサインを出す玉川氏は、間違いなくパワハラの権化《ごんげ》です。テレ朝のコンプライアンスはどうなっているのでしょうか。

玉川氏：いままで日本は新型コロナの死者数が少ない。調べてない。調べてない以上、わからない。もっと死者は多いかもしれない。何に行きつくかと言えば、検査やっていないからだ。（四月七日）

【解説】未検査遺体を根拠にして陰謀論を展開する玉川氏です。専門家会議は「原因不明の死亡者は増えてなく、しっかり対応が行われている」として疑義を否定しています。

岡田氏：感染者数が横ばいのような気がしてしまうが、新規の検査が受けられていない絞り込みの数をそのまま評価していいのか。死者数は指数関数的に上がっている。これから感染者数が上がっていることが強く示唆される。（四月二十一日）

【解説】時間遅れを伴う新規死亡者数の増加を根拠にして、新規感染者数が上がっていると主張するとともに、線形に増加しているだけの死亡者数を「指数関数的に上がっている」と解釈する岡田氏には、初歩的な科学リテラシーが欠如しています。

感染者減少を認めたくない

岡田氏：東京都の累計感染者数は評価できない。何人検査したか、分母がわからない。

倉持氏：現状出ている数よりも明らかに多くなっている、と考えるのが普通だ。

浜田氏：数字のトリックもある。「感染鈍る」という見出しは気の緩みに繋がる。

玉川氏：本当に信用できるデータを出してほしい。（以上、四月二十二日）

高木美保氏：「鈍化している」という言葉を信じてはならない。（四月二十三日）

【解説】検査数が少ないことを根拠にして、「感染者数の増加は鈍化している」とする西浦発言を一斉に批判するゼロリスク＝ＰＣＲ教団の信者たちです。

岡田氏：陽性率が七％を超えると、米国やイタリアのようになかなか流行が収まらない。医療が破綻《はたん》してくる。

玉川氏：陽性率と死者の数が相関しているということだ。つまり、陽性率が高ければ死者が多い。要するに検査を増やせということだ。（以上、四月二十七日）

岡田氏：陽性率のデータを出してくれと散々言ってきた。東京都の場合は陽性率が物凄く高いと思う。七％どころではない。陽性率がないと評価できない。

玉川氏：ここに来て陽性率の重要性が出てきているので、東京都として出してほしい。（以上、五月六日）

【解説】千葉大学の学説を盲信して、陽性率が大きくなると死亡者数が大きくなるとして散々視聴者の不安を煽った岡田氏と玉川氏ですが、東京都が陽性率を公開した結果、実際

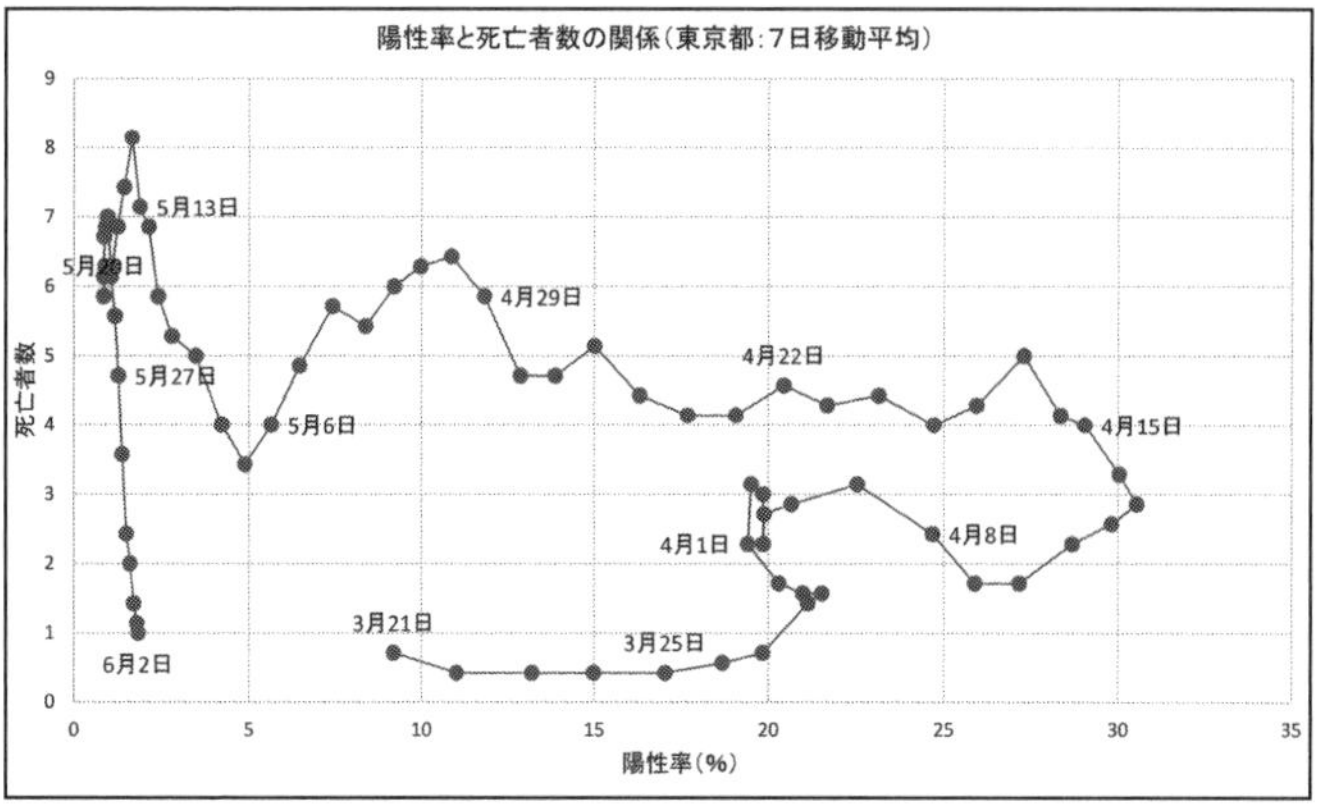

には上図に示すように、まるっきり両者に相関は認められませんでした。そもそも新規感染者数を反映する陽性率が、時間遅れを伴う死者数と関係するわけがありません。

羽鳥氏：陽性率は日々下がっていますけど。

岡田氏：夏に向かうので、自粛のあとなので、陽性者が少ないのでどんどん下がる。（以上、五月十五日）

【解説】新規感染者が顕著に減少しても、「陽性率がわからないから下がっているとは言えない」と大騒ぎして東京都に陽性率の開示を執拗《しつよう》に要求してきた岡田氏でしたが、東京都が陽性率を開示した途端、陽性率には全く関心を示さなくなりました。

結局は、感染者の減少を認めたくない口実に使っていただけと考えられます。

医療従事者を誹謗中傷

青木氏：あえて言えば、たかが検査だ。一千人当たりの検査数はドイツの十四分の一、韓国の六分の一、ＯＥＣＤの十分の一だ。検査がこれだけ拡がらないのは「目詰まり」と安倍氏は言っていたが、僕は明らかに政府が無能だからだと思う。（五月五日）

玉川氏：一日の検査数が十万件レベルを超えていないと日本はおかしい。先進国とは言えない。（五月七日）

【注釈】東京大学薬学部・池谷裕二《いけがやゆうじ》教授は、世界各国のＰＣＲ検査数と感染度合を示す世界共通の指標である死亡者数の関係を求め、日本の検査数は世界標準レベルであり、けっして少なくないことを示しました。

六月中旬現在のデータ（worldmeter）を入力して作成した次頁の図を見ても、この結論に変わりはありません。検査数が少ないのは、むしろドイツを含む欧米諸国です。単純な比較で結論を導く青木氏こそ無能です。

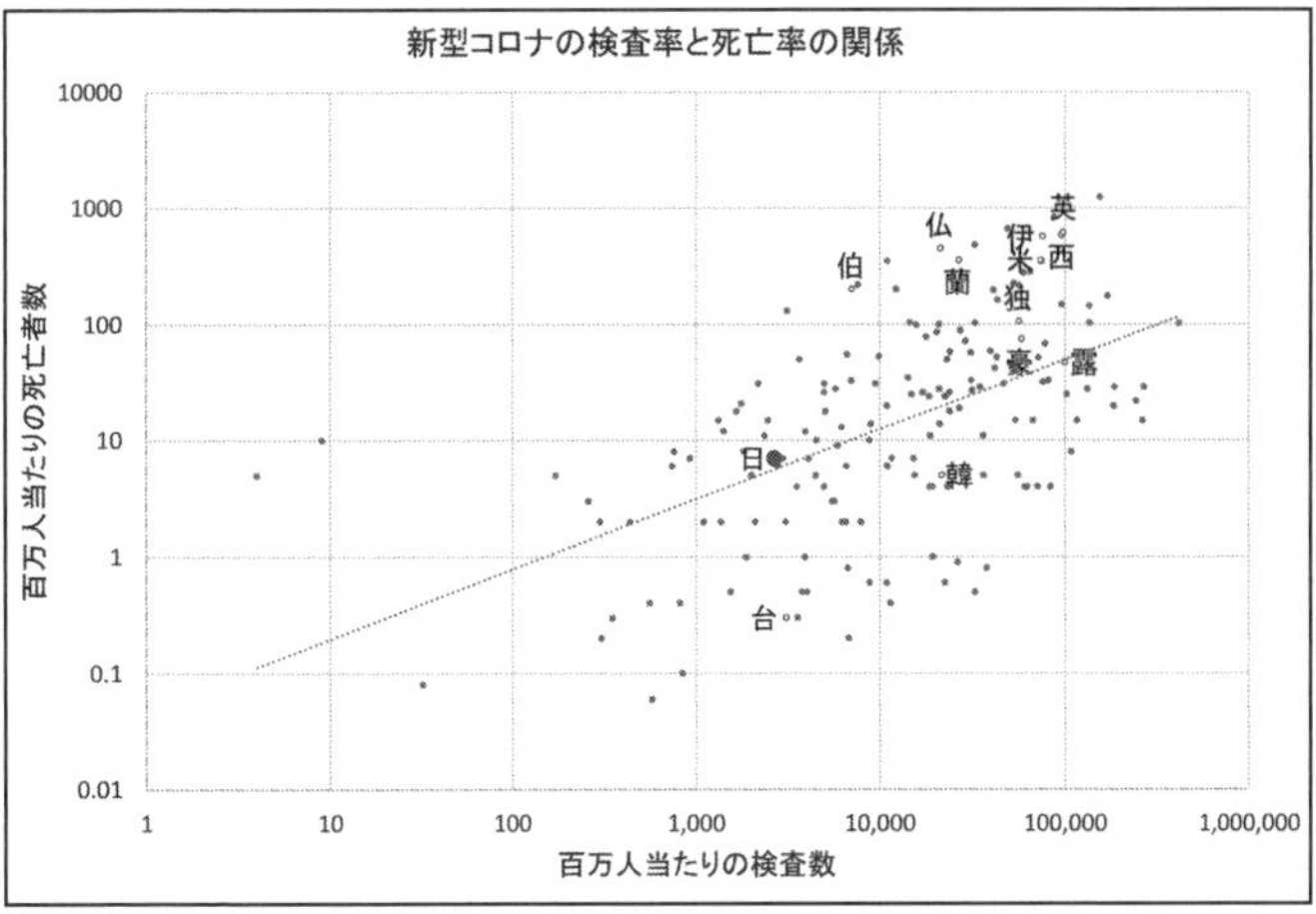

羽鳥氏：吉永さん、抗体検査による東京都の陽性率〇・六％についてどうでしょう。

吉永みちこ氏：前に慶應病院で検査して五％という値《あたい》が出ているが、一ケタ違う。

岡田氏：ＰＣＲ検査は偽陽性《ぎようせい》を拾ったりナーヴァスなところがあるので、その数値を引きずることは難しい。その数値で議論をしないほうがいい。

（以上、五月十五日）

【解説】四月二十四日の放送で岡田氏は、「慶應病院でコロナ以外の患者に六％の陽性者がいた。人を見たらコロナと思え」と脅《おど》していました。それが「その数値で議論しないほうがいい」とは無責任過ぎます。しかもその理由が、絶対視しているＰＣＲ検査の特異度に問題があるからとは恐れ入ります（笑）。

玉川氏：「ＰＣＲの精度が良くない」「七割ぐらい」とよく喧伝《けんでん》されているが、ほぼ一〇〇％感度があるはずだ。七割くらいの精度に落ちているのは、採った場所にウイルスがいないとか、採り方がうまくなかったとか、手技の部分と採る場所の部分に依存しているところが大きい。（五月十九日）

【解説】採取位置の関係でウイルスを採取できないことに起因する誤差は、測定者がコントロール不可能な偶然誤差であり、手技とは関係ありません。また、感度は特異度とトレードオフの関係があり、陽性と陰性を判定するカットオフ値に依存します。玉川氏の言説は明らかに誤っていると同時に、医療従事者を誹謗《ひぼう》中傷するものです。

自粛、自粛、自粛

ゼロリスク教に侵された番組出演者たちは、危機を理不尽に煽り、思考停止の末、外出を悪魔化し、国民を監視しました。このワイドショーのスタンスが、各地に自粛警察を生んだことは自明です。

玉川氏：英キングス・カレッジ・ロンドンの教授の渋谷健司氏は、「日本はもうすでに手遅れで、対策強化しなければ数十万人の死者が出てもおかしくない」と言っている。全く安心できない。行動制限を強くしなければダメだ。

ただでさえ緊急事態宣言は遅い。海外から見ても国民から見てもすでに遅きに失しているのに、政府はまだ様子を見るのか。日本も海外事例（レストラン休業と人通り九割削減）に匹敵《ひってき》する対策をしない限り、パリ・ロンドン・NYのようになる。

岡田氏：政府は立ち位置を変えなければいけない。平時ではない！　緊急時だ！　様子見は平時の指揮官がやることで、ウイルスと戦っている緊急時の指揮官がやることではない。こういう緊急時には休業要請を即座にやるべきだ。（以上、四月九日）

【解説】根拠のないデタラメな見立てにより、テレビ放送を通してヒステリックに恐怖を煽る玉川氏と岡田氏です。多くの善良なる市民が経済的苦境に立たされていることなどお構いなしに、彼らは根拠のない過激な自粛を政府に求めました。

羽鳥氏：危機を実感できる人が少ないからお店に行き、潮干狩りに行くという現状が出てくる。品川区の戸越《とごし》銀座など、身近にある商店街では買い物客がたくさん出てきた。
玉川氏：家にいることが一番大事だ。これが目的。「できない」と言ったらだめだ。「もうやるんだ」「もう休むんだ」「家にいろ」なんだ。（以上、四月十三日）
【解説】羽鳥氏は外出する国民を悪魔化し、玉川氏はテレビ放送を通して視聴者に命令しました。国民の電波を独占使用するテレビの出演者が、個人の価値観で人間を評価し、視聴者に命令する暴走は、民主主義を逸脱する危険行為です。
玉川氏：自粛が足りない。「全部休みにして下さい」と言うしかない。
羽鳥氏：いま外出すると長引く。もう一段高い意識が必要だ。（以上、四月十五日）
岡田氏：感染者数が減っていても予断を許さない。死亡者数が跳《は》ね上がっている。西浦氏の「対策ナシなら死者四十二万人」については否定するものではない。減らせないと患者が激増して、医療破綻が眼前に出てくる。
玉川氏：「うちの会社は一カ月閉める」と、大企業は皆やらないとダメだ。（以上、四月十六日）
【解説】新規感染者数が拡大していくはずの四割接触削減を国民が達成できていないなか、日本の新規感染者数はピークアウトし、倍加時間も大きく増加しました。判断能力のない番組出演者たちは、八割削減という数字を独り歩きさせて恐怖を煽り、強制措置をとるよう放送を通じて視聴者に命令し続けました。
なお、この間における死亡者数の微増が時間遅れ現象であることを見抜けない岡田氏は、もはや専門家ではありません。

岡田氏：行動規制を相当厳しくやらない限り結果は出ない。六割七割で、はたして効果が出るのか。

玉川氏：中小企業がクラスターの発生源になっていく。休めないから休まないと言っていると、もっと大きなしっぺ返しが来る。（以上、四月二十日）

岡田氏：買い物は一大ウイルス伝播《でんぱ》場所になる可能性がある。今後は買い物がリスクになる。

玉川氏：多摩川の河川敷《かせんしき》には、ウイルスを吸いに行っているようなものだ。（以上、四月二十一日）

玉川氏：短期間に徹底的に外出回避することが一番重要だ。それをわかってない人がいっぱいいる。

吉永氏：海でも山でもダメだと伝え直さなければいけない。

羽鳥氏：商店街を見ると高齢者も出歩いている。若い人だけが悪いんじゃない。（以上、四月二十四日）

【解説】根拠のない妄想で、外出者を罪人のように仕立て上げる自粛警察の総本部です。

玉川氏：かなりの数の感染者が減らないと（緊急事態宣言の解除は）無理だ。東京都内で感染者が一ケタになるとか陽性率で七％を割って二〜三％に落ちないと難しい。（四月三十日）

【解説】国民の生活に重大な影響を与える緊急事態解除について、「無理である」という雰囲気を素人がテレビ放送を使って造っている状況は、国民にとって極めて有害です。

玉川氏の突然の方向転換

羽鳥氏：東京は自粛要請継続ですが、繁華街での人出は増えちゃっている。

玉川氏：何かだんだん僕は思えてきたが、皆頑張っている。

羽鳥氏：いや〜そうですね。

玉川氏：渋谷駅の七七・四％だって相当頑張っている。頑張っているのに、ちょっと下がると偉い人たちは「お前ら、もっと頑張れ」っていうんでしょ。

羽鳥氏：たしかにですね。

玉川氏：何か違うんじゃないかな。（以上、五月十一日）

【解説】新規感染者が急激に減少するなか、いくら自粛しても不満足で「家にいろ」と命令していた玉川氏の言葉とは思えません。それにしても、玉川氏の突然の方向転換を察して、一瞬で自粛警察から転向する羽鳥氏は、最も情けない太鼓持ちに他なりません。

岡田氏：秋冬に関しては、同時期にたくさんの感染者を出さない対策をしないと医療崩壊するから、韓国でやったことを踏襲していくことが実効性かつ有効性がある手段だ。私が心配するのは、感染が拡がった結果、自粛になって、この自粛の期間でたくさんの経済的損失があって、そしてつぶれていく商店や会社があって、その痛みが莫大になることだ。

（五月二十六日）

岡田氏：私もそうなんですけど、自粛に嫌気がさしていて、もう勘弁してって思いがある。

（六月三日）

【解説】緊急事態宣言が解除されると、多くのゼロリスクの追求者は、経済を心配する側に一瞬で転向しました。岡田氏も例外ではありません。この「コロナの女王」の煽動《せんどう》により、どれだけ多くの視聴者がゼロリスク信者となり、どれだけ多くの生活困窮者が経済的ダメージを受けたか計り知れません。

それにしても、一月末から毎日テレビに出ずっぱりの岡田氏が「自粛に嫌気がさした」というのはどういうことかと思います（笑）。

説教、説教、説教

説教に明け暮れる『モーニングショー』は、ダブル・スタンダードの宝庫でもあります。

長嶋一茂氏：吉村大阪府知事は、国民が痛みを分かち合っている時に「兵庫県は」みたいなことを言っている。「大阪府もいつオーバーシュートが起きてもおかしくない」というエクスキューズぐらい入れてもらわないと。ちょっとこの人、若いね。ハッキリ言うと。（三月二十日）

【解説】大阪府と兵庫県で往来自粛を要請した吉村大阪府知事に対して、突然説教を始める長嶋氏です。ハッキリ言ってもう若くないのに、いつまで意味不明なことを言っているのでしょうか。

長嶋氏：一人ひとりの自覚でセーフティーな社会を作れるのは、先進国で日本だけだ。他の国はそうはいかない。ハワイは強権発動しないと自粛なんかしない。そういう民族なんだ。（三月二十七日）

【解説】説教が高じて人種差別を口にする長嶋氏です。

浜田氏：企業で今日から在宅勤務というところがある。まだやってなかったのか。早い企業は二月から社員の外出禁止で、「営業もオンラインでできること以外やるな」という企業もある。この差はなんだ！（四月一日）

【解説】テレ朝のスタジオでそう説教する浜田氏です（笑）。

玉川氏：アビガンは一日も早く承認すべきだ。またここで厚労省が言うことを聞かないらしい。何をやっているんだろう。あんたら、人の命を守るための役所じゃないのか。（四

月二日）

岡田氏：私は、アビガンは効いてくれると思っている。効く、効かないは不透明なところがあるが、国民の生命がかかっているわけだから、これを使うのは政策的には合っている。

これから患者が増えてきた場合には野戦病院のようになる。その時に切れるカードは全部切る！　それが国民の命を救うことに繋がる。普通の医療ではない！　平時ではない！（四月六日）

【解説】玉川氏と岡田氏は、治験も終わっていない治療薬アビガンの早期承認をヒステリックに求め、挙句の果てに厚労省が承認を遅らせているとする陰謀論まで展開しています。どんな時でも冷静に政府の暴走を監視して人命を守るのが、メディアや専門家の使命ではないのでしょうか。

マスクをするのはエゴ？

玉川氏：かけがえのない命が失われないと方針転換できないのか！　岡江さんのケースと

か、埼玉の自宅療養者が亡くなったことが相次いで、政府は慌てて宿泊療養に方針転換したと思う。

だけど、これは十分予想できる話だ。武漢では、軽症者は病院を突貫工事で作ったりしていた。日本人はバカにしていたが、あれは合理性があったんだ！（四月二十四日）

【解説】自宅療養の軽症者の様態が急変して死亡した事例で政府を罵倒する玉川氏ですが、実は玉川氏自身が三月十七日の放送で「軽症で一人暮らしだったら、自宅待機で全然問題がない」と自信満々に断定していました。なんとも無責任なダブスタです。

玉川氏：マイナンバーカードが国民の利便性の向上にまったく資していないことがわかった。ただ、便利にすればするほど情報が外に漏《も》れるリスクが高まる。なんなんだ。（五月十四日）

【解説】マイナンバーカードが機能していれば、経済弱者は何も苦労することなく一瞬で政府から支援金を受け取ることができました。マイナンバーカードという国民の命綱に徹底的に反対してきた玉川氏こそ、なんなんでしょうか。

玉川氏：症状がないけどうつす可能性がある人も、自分がうつりたくないということでマスクをしていた。マスクが人にうつさないという意味で物凄く効果を発揮していたのは、うつりたくないというエゴがグルっと回って感染を防いでいた。（五月二十日）

【解説】他人に自分の病気をうつさないためにマスクをするというのは、小学生でも知っている日本人の公衆衛生上の常識です。これをエゴなどと言って貶《おとし》めるのは、暴言に他なりません。

謝罪、謝罪、謝罪

『モーニングショー』はコロナ報道で問題報道を乱発し、何度も謝罪に追い込まれましたが、一切責任を取っていません。この人たちくらい、他人に厳しく自分に優しい人たちはいません。

羽鳥氏：番組では、クルーズ船の乗客だった広島市内のご夫婦を紹介させていただきました。いまもご夫婦は、病院でも受付けされていない状態ということです。番組では了解なく顔写真をそのまま放送し、ご夫婦が周囲に知られることになりました。大変申し訳ありませんでした。そういったなかで、心ない差別的な行動が非常に多く、決して許されることではありません。（三月十九日）

【解説】無断で市民の顔写真を放送して心ない差別を生む要因を作っておきながら、一言謝罪したあとで「差別は許されない」と説教を始める羽鳥氏です。

羽鳥氏：昨日の放送では、秋葉原のメイド喫茶『ハートオブハーツ』が東京都の要請にしっかりと従って時間を短縮して営業していることを番組は伝えませんでした。さらに営業自粛を要請される店舗や禁止されている潮干狩りの映像と並列して放送したことで、この店に対する誤解を招きました。申し訳ございませんでした。（四月十四日）

【解説】厳しい経営状況のなかで、労働者の生活を守るため工夫して営業を続ける当事者からの抗議を受けての謝罪です。弱者を貶める卑劣《ひれつ》な印象報道が露呈しました。

玉川氏：GWで二日〜六日まで休みだ。この間、検査が受けられなくなるということになるとすると、GW明けに重症者や死者が物凄く増える可能性がある。（四月二十七日）

玉川氏：スタッフに確認したが、三十九という新規感染者の件数は、全部民間のＰＣＲ検査の件数だ。土日は行政機関が休みになるので、三十九件というのは全部民間だ。行政検査が土日休みになって、民間で検査したもののなかの感染者三十九件だ。ＧＷどうなるんだ。ＧＷに行政は休む。民間だけでいく。行政がやっていないのは確認が取れている。（四月二十八日）

玉川氏：昨日の放送のなかで、月曜の都内の感染者数三十九名すべてが民間の検査機関によるものと私は伝えた。さらに、土日に関して行政の検査機関は休んでいたと伝えた。

　しかし正しくは、三十九名のなかに行政機関の検査によるものが多数含まれていた。土日に関しても、行政の検査機関は休んでいなかった。本当にすみませんでした。（四月二十九日）

【解説】休日返上で働いていた行政を、まるで人殺しのようにテレビ放送で罵倒した玉川氏の罪は極めて重いと考えますが、翌日からは涼しい顔をして番組出演を続けています。

局アナ：新型コロナウイルスに関するＶＴＲで、ＪＲ蘇我《そが》駅に鉄道ファンが集まっている様子をお伝えしましたが、そのなかで昨日ではなく今年三月に撮影された写真を一枚使用

してしまいました。お詫びして訂正します。（五月二十日）
【解説】「狭いホームに人が密集し密接している状態に、なかにはマスクをしない人の姿も」として、撮り鉄を批判したVTRでの写真の不正使用です。卑劣な印象操作です。

国民全員PCR検査

ゼロリスク＝PCR教団の過激な妄想はどんどん膨らんでいき、ついには莫大なコストを必要とする「国民全員PCR検査」という空前の無駄遣い計画に到達しました。

玉川氏：週一回の全国民のPCR検査で、陽性者とそうでない人が出る。陽性者の半分ぐらいは無症状だ。陽性になった人は全員隔離する。それからはもううつらない。感染してない人は経済活動を普通にしていい。三回やれば、偽陰性《ぎいんせい》の問題も解消される。（四月三十日）
【解説】国民全体にPCR検査を行うのにどれだけコストが必要かはもとより、検査を三回やれば偽陰性の問題が解消されるというのは明確な誤りです。一億三千万人の国民全員について、七割の感度のPCR検査によって感染の有無を一〇〇%正確に判定するのは事実上不可能であり、必ず多量の偽陰性者が発生します。多量の偽陰性者が発生すれば市中で感染は常に進行するので、この検査は無意味となります。
そして、この無意味な検査を複数回繰り返し行っても結果は変わりません。ほんの僅《わず》かでも感染者を見逃せば、この事業は途方もない無駄遣いとなります。このような非常識で幼稚で自明な誤認識に対して、番組のチェック機能が全く働いていないことは極めて重大な問題です。

羽鳥氏：WHO事務局長上級顧問の渋谷健司さんが、「全ての国民にPCR検査が必要だ」と訴えている。
玉川氏：国民全員にPCR検査ができたら、全ての感染者を割り出すことができる。全ての感染者を隔離できたら、感染していない人は普通に生活ができる。
渋谷健司氏：自粛効果は出ているが、感染を抑える前に早期の自粛解除は危険。状況を正確に把握するため、大胆に検査を拡大すべき。日本は検査が少ないため、死者数が信頼されていない。（以上、五月七日）

小林慶一郎氏：精度が一〇〇％の検査というものがもしあれば、一回だけ全国民にＰＣＲ検査を受けてもらって、その結果、陽性になった人は隔離をして、二週間だけ社会から外れてもらうと。もうそれで問題は解決。（五月十九日）

【解説】番組は、国民全員ＰＣＲ検査を提唱している渋谷健司氏と小林慶一郎氏を番組に出演させ、好き放題に語らせました。

渋谷氏は「日本は手遅れに近い」なるトンデモ予測をした人物であり（1章参照）、小林氏は血税五十四兆円を費やす全員検査を提唱する経済学者です。案の定、渋谷氏も小林氏も必要不可欠な論点である検査のフィージビリティ（実現可能性）には全く触れず、「検査をすれば経済が回る」と主張したに過ぎません。このような検査に国防費の十年分に当たる予算をつぎ込むなど、正気の沙汰ではありません。

玉川氏：抗原検査キットを全国民に使うと七千五百五十七億円、一兆円にもならない。これで漏れる人が出てくるでしょという話になるが、それは繰り返せばいい。一週間おきくらいに繰り返して、二回とか三回やっても二兆円にもならない。（五月十九日）

【解説】さすがにコストがかかりすぎると思ったのか、玉川氏はＰＣＲ検査よりも安価な抗原検査による国民全員検査を提案しました。ただ、感度三〇％の抗原検査を一週間おきに二～三回繰り返しても、莫大な血税をドブに捨てることは変わりません。PCR検査よりも多量に発生する偽陰性者が、一週間の猶予の間に感染を進行させるからです。

玉川氏：全員検査で陽性者を全部見つければ安心が得られる。この安心がなければ経済活動は絶対に元に戻らない。これは医療ではない。（五月二十二日）

玉川氏：全員検査の意味は医学的には大きな意味はないのかもしれない。しかし社会的にはもしかしたら意味がある。全員検査をすれば安心に繋がる。（五月二十五日）

【解説】「安心」という言葉を使い始めた玉川氏ですが、見逃しが発生する医学的に意味がない検査から「安心」が得られるわけがありません。こんな意味のない「安心」を得るために莫大な血税を使うなどもってのほかです。

番組が日本に与えた損失

以上のように、ゼロリスクを煽りながら、デマ報道と問題報道を繰り返した『モーニングショー』が日本社会に大きな迷惑をかけたことは疑いの余地もありません。このようなテレビ報道に対して、神奈川県医師会は次のようなコメントを出しています。

神奈川県医師会：専門家でもないコメンテーターが、まるでエンターテインメントのように同じような主張を繰り返しているテレビ報道があります。不安や苛立《いらだ》ちが多い時こそ、デマやフェイクニュースに踊らされぬよう慎重に考えてください。

危機感だけあおり、感情的に的外れのお話を展開しているその陰で、国境を持たない見えないウイルスは密やかに感染を拡大しているのです。第一線で活躍している医師は、現場対応に追われてテレビに出ている時間などはありません。

医療関係者は、もうすでに感染のストレスの中で連日戦っています。その中で、PCR検査を何が何でも数多くするべきだという人がいます。しかしながら、新型コロナウイルスのPCR検査の感度は高くて七〇％程度です。つまり、三〇％以上の人は感染しているのに「陰性」と判定され、「偽陰性」となります。検査をすり抜けた感染者が必ずいることを、決して忘れないでください。

テレビなどのメディアに登場する人は、本当のPCR検査の実情を知っているのでしょ

うか。そして、「専門家」と称する人は実際にやったことがあるのでしょうか。（四月十日）

この批判の内容は、『モーニングショー』の放送内容と極めてよく一致しています。『モーニングショー』では、適正な科学的分析能力を欠く玉川氏・岡田氏をはじめとする番組出演者が非論理的な発言を連発し、【チェリー・ピッキング cherry picking】で番組の論調に合う自称専門家の的外れな意見のみを紹介し、特定の方向に視聴者をミスリードすることで、日本社会に大きな混乱を与えました。

最も深刻なのは、恐怖を煽って過剰な自粛を視聴者に強要することで日本経済の破壊を草の根から促進したことです。この悪影響が今後、時間遅れを伴って日本を襲うことを忘れてはいけません。

5．玉川徹氏の強迫型自己主張番組
テレビ朝日『羽鳥慎一 モーニングショー』

政権交代を導いた心理操作

日本のような自由と民主主義の国の国民は、自由という自然権と平等という社会権によって個人の自由な意見を等しく政治に反映しています。その一方で、残念ながらこのシステムには脆弱《ぜいじゃく》なセキュリティ・ホールが存在します。それは特定の政治勢力の【ポピュリズム populism】や【プロパガンダ propaganda】によって大衆が【心理操作 psychological manipulation】を受け、しばしば本来の自由意思とは異なる方向に誘導されることです。

たとえば鳩山由紀夫氏は、マスメディアの圧倒的な偏向報道で心理操作をされた国民の熱狂的支持によって政権交代を実現しましたが、調子よく約束したいくつものマニフェストをほとんど達成することなく、日本の経済と外交に深刻なダメージを与えました。

この鳩山政権交代時に、マスメディアが心理操作の主要なターゲットとしたのは、普段は政治に関心がなく、選挙に行くこともない【情報弱者 information poor】層でした。情報弱者は既得の情報量が少ないため、マスメディアにとって簡単に情報操作できる存在です。加えて、政治への関心も薄いため、報じられている内容を検証することも少なく、マスメディアの論調の言いなりになるケースが少なくありません。

二〇〇九年、衆院選における民主党への政権交代の原動力になったのはこの情報弱者層に他なりません。民主党は二〇一二年衆院選で、〇九年衆院選よりも得票数が少なかった自公政権に惨敗しましたが、これは明らかに〇九年衆院選で民主党に面白半分で投票した情報弱者層が投票に行かなかったためです。

さて、〇九年の民主党への政権交代時に民主党の最大の協力者であったマスメディアが展開したのが、ワイドショーを利用した情報弱者層に対する心理操作です。マスメディアは、自民党＝国民の敵、民主党＝国民の味方という構図を設定したうえで、ワイドショーで当時の麻生首相の人格を徹底的に貶めたのです。

すなわち、「カップラーメンの値段を知らない」「連日高級料亭や高級ホテルのバー通いをしている」「居酒屋で『ホッケの煮つけを食べた』と言った」「漢字が読めない」「ペンを使うときにくわえキャップをする」などと、政治とは全く関係のない【人格攻撃 ad hominem】を続けました。

一般に情報弱者は、政策の内容にはほとんど関心がなく、政治家の人格のみに着目して政策の可否を判断します。テレビの時代劇など勧善懲悪《かんぜんちょうあく》ドラマに毒されているため、正義の味方の政策は正しいと信じ込んでいるのです。このようにして心理操作された情報弱者層は麻生首相を嫌悪《けんお》し、その政敵である民主党を支持したのです。

このような情報弱者の性向は現在も基本的に変化がなく、ワイドショーの「小池劇場」や「モリカケ報道」にとびついては内閣支持率を急降下させています。

さて、コロナ禍のデマ報道と問題報道で大衆を煽動《せんどう》した『羽鳥慎一モーニングショー』は、このようなワイドショーの代表格と言えます。視聴者のターゲットは、平日のビジネスタイムにワイドショーを観ていられるような優雅な情報弱者です。番組はこのような情報弱者に悪の存在と善の存在をネタとして提供します。

悪の存在としては、不倫する芸能人・ゴミ屋敷の住人・渋谷で騒ぐ若者・養殖海産物をあさる密猟者などが挙げられます。番組では、このようなスケープゴートを不必要なほど徹底的に悪魔化したうえで説教することによって、情報弱者の不平・不満を解消させるというビジネスモデルを展開しています。

一方、善の存在としては、亡くなった大物芸能人・世界大会で優勝した日本人アスリート・日本人ノーベル受賞者などが挙げられます。番組では、このような身近な成功者を不必要なほど徹底的に偶像化したうえで称賛することによって、情報弱者に満足感を与えるというビジネスモデルを展開しています。

そんななか、極めて危険なのは、この善悪二元論の対象として番組がしばしば政治家を悪魔化・偶像化することです。『小池劇場』はそのもっとも典型的な例でした。

「小池劇場」を主導

「小池劇場」を主導した『モーニングショー』が最初に小池百合子氏を大きく取り上げ始めたのは、東京都知事選の後半でした。都知事選候補者のインタヴュー（二〇一六年七月二十一日）において、玉川徹氏は小池候補にマスメディアに対する姿勢を問いました。すると小池氏は、その後の「小池劇場」を予告するような言葉を口にしたのです。

小池百合子氏：私をお選びいただけるのであれば、私の最大の味方はメディアになると思います。メディアのみなさんがいろいろとチェックしていただく。それとともに進めていきたいと思います。

【解説】都知事に当選すれば強大な独任制の権力者となる小池氏が、同じく強大な第四の権力であるマスメディアを味方にするという宣言は極めて非常識なことです。このとき小池氏は、築地市場の豊洲移転についても語っています。

小池氏：私はまず、市場関係者の方々から直接お話を伺ったうえで、どうすればいいかということについて答えを出していきたいと思っています。（開場延期については）お話次第ですね。あり得る。その可能性もあると思います。

【解説】このとき小池候補は、もともと豊洲移転に批判的な意見を持っていた玉川氏にとって、自分は都合がよい候補であることをシグナリングしたと考えられます。このあと、選挙情勢が一変し、優勢と見られていた鳥越俊太郎候補が失速するとともに、緑を身に着けたイメージ選挙を展開していた小池氏へ都民の支持が移りました。

選挙戦序盤はあからさまに鳥越候補を絶賛していた玉川氏は、報道スタンスを一転し、「有権者はちゃんと見ている」という発言で小池氏支持・鳥越氏不支持を示唆しました。

そして選挙の結果、小池氏が圧倒的大差で都知事に選出されたのは周知の事実です。小池都知事初登庁（二〇一六年八月二日）の報道において、玉川氏は次のように語っています。

玉川徹氏：選挙中に小池氏は、「選挙が終わったあとはメディアが私の最大の味方ですから」と発言した。常にメディアから注目を集めて、世論を味方につけながら進めていくことをよくわかっている。

僕たちが食いつきたくなるような何かを出していく戦略ではないか。小池都知事は、敵を作るということが自分をひき立たせるとよくわかっている。今回、敵認定されるのは内田幹事長かもしれない。そういうところに、我々はまんまと乗っかっていいのかということも考えながらやらなければいけない。


【解説】 玉川氏は、小池都知事のポピュリズムを警戒する発言をしました。ただ、それは単なるアリバイ発言に過ぎず、この日から『モーニングショー』は、確信的に小池都知事のポピュリズムに乗っかり、小池都政を絶賛するとともに、その政敵を徹底的にこき下ろす「小池劇場」の放映を開始したのです。

たとえば、マスメディアがリクエストした小池都知事との記念撮影に都議会議長（自民党）が応じないと、これを問題視してヒステリックにその人格を批判しました。玉川氏は、これは「自民党のオウンゴール」「小池氏はメディアは最大の味方とおっしゃっていた」と評すると、羽鳥氏は「味方につけた感じがする」と小池都知事を持ち上げました。

この日以降、番組は自民党東京都連の内田茂幹事長を「都議会のドン」と呼び、徹底的に人格攻撃を繰り返しました。

一方で、小池都知事による豊洲移転延期を絶賛し、豊洲移転に反対する政治家、市場関係者、自称専門家、記者のみをゲスト・コメンテーターとして出演させては、実際には安全な豊洲市場を理不尽に貶める発言を引き出しました。何よりも科学的知識が欠如して【確証バイアス confirmation bias】に溢れたレギュラー・コメンテーターが、ゲスト・コメンテーターの発言を無批判に肯定し、主観に基づく無責任な感想を繰り返したことは、公正な社会を脅《おびや》かす悪質な印象報道であったと言えます。

この「小池劇場」によって絶対的な権力を得た小池都知事は暴走し、豊洲移転の延期を独断で宣言しました。その結果として、業者に対する迷惑と都税の無駄遣い・東京五輪の交通計画の破綻《はたん》・豊洲の街全体に対する深刻な風評被害が発生してしまいました。

『モーニングショー』を含めたワイドショーは、権力を監視することを放棄して権力にへつらうことで都民を騙し、都知事のイエスマン集団を都議選で大量当選させる原動力となりました。現在の東京都は、ワイドショーが主導した小池都知事の独裁都市に他なりません。

常軌を逸した前川礼讃

『モーニングショー』の姑息《こそく》なところは、例外を除いて自らの論調に整合的な【御用コメンテーター spin doctor】のみを出演させ、偏向的な結論へ誘導することです。

加計《かけ》学園報道において番組は、獣医学の岩盤規制を守ってきたステイクホルダーである文科省の元官僚の寺脇研氏を毎日のように出演させ、官僚独特の老獪《ろうかい》な言い回しで政府を批判する報道を繰り返しました。

そもそも、確固たる証拠もなく加計問題を疑獄化したのは、天下り問題で辞任した元文科省事務次官の前川喜平《きへい》氏です。前川氏は、加計理事長は安倍総理のお友達なので強い力が働いて「公平公正であるべき行政のあり方が歪《ゆが》められた」と主張しましたが、この前川氏を番組で擁護し続けたのが、前川氏の長年の同僚であった寺脇氏だったのです。

ここで留意すべき点は、もし安倍総理が友達の加計理事長に利益供与したことを疑うのであれば、同時に寺脇氏が友達の前川氏に有利な発言をしていることも疑う必要があるということです。

このとき、寺脇氏が「友達だからといって前川氏に有利な発言をしていない」と主張するのであれば、寺脇氏は同時に「(加計理事長と)友達だから」という理由で安倍総理を疑っている前川氏と自分自身を批判しなければなりません。その意味で、『モーニングショー』はまったく言説に説得力のない人物をゲストとして起用し続けたと言えます。

さらに、前川氏の人格に対する礼賛《らいさん》も常軌《じょうき》を逸《いっ》したものでした。

羽鳥慎一氏：十万人いる文科省のなかのトップが前川さん。これは凄いんですよ。ただただ凄い。

また、前川さんの一族も凄い。前川さんのおじいさんは世界三大冷凍機メーカーの創業者です。妹さんの御主人が中曽根弘文《ひろふみ》さんです。そのお父さんは中曽根康弘《やすひろ》さんです。凄い一族です。おじいさんは文芸界とのゆかりもある。村上春樹さんが住んでいた寮の和敬《わけい》塾《じゅく》を創った。

寺脇研氏：前川さんは、弱い人を助けなくてはという気持ちが強い人で、本当に優しい人だ。文科省を辞める時に「自分は本当に恥ずかしいことをしてしまって辞めます。だけど君たちは、気は優しくて力持ちの文科省職員であり続けて下さい」と言ったのは、やっぱり彼も気は優しくて力持ちを目指していた。

「優しく弱い人を助けよう。でも、弱い人を助けるためには力を持たないといけない」とは、事務次官まで行くまでの力を持たなければいけないということだ。

前川さんはいろんなことを言われているが、政権にモノを申すようなことを小泉政権の時にやった。「義務教育を守る」と。「本当にどんな貧しい子供でも義務教育を受けられるようにするための制度なのだから」と言った。普通そんなことを言うとコロッといく（出世コースから外れる）が、それでも事務次官になったという力を持っている人だった。（以上、二〇一六年五月二十六日）

【解説】 人間を善悪で色分けして印象操作をするワイドショーでは、政権に抗する「ヒーロー」が、出会い系バーに通ったり、天下りを画策したりしていたという属性を持っていることは不都合です。番組は強力な権威に訴える【威厳に訴える論証 proof by intimidation】や、人の差別に他ならない【出自《しゅつじ》に訴える論証 genetic fallacy】といった誤《ご》謬《びゅう》を展開して前川氏を礼賛することで、事実を矮小化《わいしょうか》したと言えます。

そもそも威厳や出自で人間を評価できるのであれば、日本の首相で岸信介首相の孫の安倍晋三氏を疑うこと自体がおかしいことになります。また、寺脇氏は「弱きを助ける」という前川氏の単なる一発言を最大まで膨らませて語りました。この程度の発言が礼賛に値《あたい》するのであれば、地元に戻るたびに支援者に殊勝なことを語る世の中のほとんどの政治家は、聖人として礼賛されるべきです（笑）。

玉川氏は選挙妨害を正当化

二〇一七年七月三日の『モーニングショー』は、「小池劇場」が最高潮に達した時期に行われた東京都議選における自民党の大敗を報じました。番組は、選挙戦最終日の秋葉原で応援演説を行った安倍晋三自民党総裁（首相）のある発言を強調しました。

玉川氏：安倍総理が秋葉原で、「こんな人たちに負けるわけにはいかない」と言っているようだ。

羽鳥氏：総理が「アベヤメロー」と言っている集団に対して、「こんな人たち」と。

玉川氏：多分、安倍総理が「こんな人」と言っている人たちに理解をしてもらわない限りは、国全体として進まない。自分の言うことを聞いてくれる人を周りにはべらせて、そういう人たちだけが支持してくれればいいということだけでは大望は望めない。

【解説】番組は、活動家が公然とインターネットで参加を呼びかけて実行された組織的な選挙妨害を、あたかも一般国民の声であるかのように報じました。当然のことながら、選挙妨害は民主主義の土台を揺るがす卑劣極まりない行為であり、公党の党首である安倍氏がそれを批判するのは当然の権利です。そんななかで玉川氏は公然と選挙妨害を正当化し、選挙妨害された側を徹底的に非難したのです。

二〇一七年十月十一日、番組は再び秋葉原で衆院選の応援演説を行った安倍自民党総裁を報じました。この時も組織的な妨害が行われました。玉川氏は次のように語っています。

玉川氏：野次ぐらい受ければいいじゃないか。安倍氏は野次に弱い。国会でも、野次を受けるとすぐ止めて批判ばかりしている。選挙妨害ではない。

【解説】玉川氏は、組織的選挙妨害集団の言論の自由を一方的に認め、市民聴衆が政治家の演説を聞いて判断材料とする機会を奪い、政治家の言論の自由を侵害することを高らかに正当化しています。マスメディアという最も声の大きい者が言論弾圧を是認するのは、民主主義にとって極めて危険な行為です。もしテレビ朝日が、テレビ朝日に抗議する集団に組織的に放送を妨害されても、玉川氏は抗議をしないのでしょうか。

自民党に対する選挙妨害を容認する一方で、番組は野党に対する選挙妨害は厳しく断罪しました。一七年十月十六日、番組は一人の何者かが大声で野次を発している前原誠司《まえはらせいじ》候補の選挙演説を報じました。

羽鳥氏：通りかかった人が「帰れ」と言うとは思えない。ある種の動員があって、前原氏に批判的なことを言おうとする力じゃないかな。静かに聞くというのがいいというわけではないと思うが、何も聞かずに大声を出すというのはよくない。

【解説】 秋葉原の大規模な「アベは辞めろ」コールについては正当化していた玉川氏と羽鳥氏が、前原誠司氏に対する小規模な野次については組織的動員と認定して、あからさまに批判しました。こんな不公正な番組が公然と放映されている状況は深刻です。

「セクハラは犯罪ではない」

二〇一八年四月二十日、番組では財務省セクハラ疑惑の当事者である財務省福田淳一事務次官（当時）の「罪」について議論がありました。

長嶋一茂氏： 犯罪している人（福田事務次官）を守ってどうするのって思うけどどね。

玉川氏： 犯罪ではない。少なくとも、犯罪とまでは、いまセクハラって言えないので。刑法犯ではないので。

羽鳥氏： セクハラって文言《もんごん》を書いた法律はない。

長嶋氏： それだったら、「定義は何なの」ということになる。

羽鳥氏：その定義によって、民法と刑法のいろんな法律を当てはめて対処している。セクハラというものを書いた法律はない。

山口真由氏：そうですね。刑事罰上の強制わいせつなどに当たらない限り、刑法違反にはならない。

玉川氏：公然わいせつとか可能性はあるので、いまの段階で犯罪ということにはならない。

【解説】セクハラを単純に犯罪と捉《とら》えている長嶋氏に対して、玉川氏、羽鳥氏、山口弁護士が「セクハラ罪という罪はない」ことを論理的に語りました。公正で妥当な結論です。

ところがこの二週間後に、世間では事態が一変します。麻生財務大臣が「セクハラ罪という罪はない」と発言し、マスメディアが大バッシングを始めたのです。このとき『モーニングショー』は、「セクハラ罪という罪はない」ことをよく認識しているにもかかわらず、麻生大臣を擁護することはなく報道をスルーしました。これは、いじめを見て見ぬ振りをする極めて卑劣な態度です。

そして一八年五月七日の放送では、スウェーデン・アカデミーが内部で発生したセクハラ事案を理由にしてノーベル文学賞の選考を一年間見送る、というニュースを受けて、玉川氏が次のようにコメントしました。

玉川氏：そのくらいセクハラというのが、世界では重く受け止められているという話としてこのニュースを受け取った。それに対して日本はどうなっているのかといったら、大臣が、財務省がセクハラを認めたのに、「セクハラ罪という罪はない」と言ってしまうような彼我《ひが》の差をこのニュースで物凄く感じる。

【解説】「セクハラ罪という罪はない」ことを理路整然と説明していた玉川氏は、なんと自分と同じ発言をした麻生大臣をそのことで批判したのです。これは、空気を読みながら機を見てイジめる側に寝返るという言語道断の卑劣な行為です。

この一連の行動から、『モーニングショー』はセクハラやイジメといった人権侵害を実際には問題視しているわけではなく、政治的に利用しているだけということがわかります。

韓国の代弁者、青木理氏

レーダー照射問題に象徴される最近の韓国の目に余る不合理な行動に対しては、玉川氏もかなりご立腹なようで、番組内でしばしば強く批判していますが、そんな雰囲気にもピクリとも動じず、常に一〇〇％韓国とともにあるのが火曜日コメンテーターの青木理氏です。

青木理氏：北朝鮮の漁船を捜索するため、あるいは何か危ないと思ったのか射撃用レーダーを動かしていた。それを日本の哨戒機《しょうかいき》が韓国の言っているとおり近づいてきた。「何だ」とレーダーを向けてしまったということは起こりえないのか。日本の言っているとおりだとすると、駆逐艦はどうしてこんなことをしたのか。

文在寅《ムンジェイン》政権は日本に対して批判的ではあるが、平和主義者だ。日本と軍事的な衝突をしたいとは思わない。防衛大臣がいきなり出てきて記者会見までして過剰ではないのか、というのが韓国の反応だ。韓国側もある種、引っ込みがつかなくなり、「お前の言っていることがおかしい」となっていく。徴用工、慰安婦、あるいは歴史認識の問題を日韓の政治間で残しておくと、日本が「けしからん」ということになれば、韓国も「なんだお前」となってますます日韓関係が悪くなる。（二〇一八年十二月二十五日）

【解説】このように、一〇〇％韓国の主張を代弁し、最終的には日本が一〇〇％悪く、韓国は一〇〇％被害者であるという結論になるのが青木氏のコメントの特徴です。

こき下ろされた「令和」

共同通信の世論調査で七割以上が好感を持った新元号の「令和」ですが、『モーニングショー』ではコメンテーターの一〇〇%が悪印象を表明しました。番組は二〇一九年四月二日の放送で、歴史を専門とする東京大学・本郷和人《ほんごうかずと》教授を呼び、弁護士の菅野朋子《かんのともこ》氏、青木理氏、玉川徹氏とともに「令和」を徹底的にこき下ろしました。

本郷和人氏：「令和」以外の候補はケチのつけようがない。なんでここから選ばなかったのか。令は「巧言令色鮮し仁《こうげんれいしょくすくなしじん》」の令だ。皇太子の命令を令旨《りょうじ》と言い、天皇の命令は令旨とは言わない。皇太子殿下が天皇陛下になるのに令はふさわしくない。皇太子殿下は「俺には合わねぇな」と思っていらっしゃる。

【解説】本郷氏の主張をとれば、平成の平も「平民」「平凡」「平社員」の平であり、天皇陛下には相応《ふさわ》しくないということになります。また、自説に都合よく、他者の意思を勝手に代弁するのは【代弁の誤謬 mind projection fallacy】であり、厳に慎むべきです。なお、ここであえて私も代弁の誤謬を犯して本郷氏の意図を推察すれば、サービス精神たっぷりにユーモラスに解説されたものと思います（笑）。

菅野朋子氏：「命令」の令か、「令状」の令を思いつく。「和」も昭和で使っていたので新鮮味がない。

【解説】菅野氏は、平成の「成」から「成りあがり」の成を思いつかなかったのでしょうか？　それと、年号では同一の字が連続することも少なくありません。少しは勉強して下さい。

青木氏：辞書を引くと、最初に出てくるのが「命令」だ。昔「令徳」という案があったが、徳川が命令されるみたいだと幕府が拒否した。

【解説】辞書や徳川を権威とする【権威論証 argumentum ad verecundiam】です。権威を嫌う人物が権威を使うとはお笑いです（笑）。

菅野氏：人の名前なら全然いい。権力が使うのはどうか。

【解説】意味不明です。菅野氏の言説に従えば、「令子」は「命令する子」ととれることになります。

本郷氏：上から平和になりなさいと指示されている感じだ。中国と関係ないというが、桜でなくて梅だ。梅は中国の花だ。

【解説】政府が「国書と関係する」と言ったことを根拠に、政府が「中国と関係ない」と言ったと主張するのは【選言肯定《せんげんこうてい》 affirming a disjunct】と呼ばれる形式的誤謬です。梅は中国の花であることを根拠に、「日本の国書と関係する」という政府発言を否定するのも選言肯定の誤謬です。それぞれの概念は互いに背反《はいはん》しません。

玉川氏：名は体を表すということだ。どういう意味を込めたか、自然と表れてしまう。なぜ国書から選びたいか。中国に典を取るのが嫌だという感覚だ。そういうのでいいのか。

【解説】中国に典を取らなかったことをもって、中国に典を取るのを反対したと解釈するのは、【否定と反対の混同 confusing complement with opposite】という幼稚な誤謬です。

青木氏：本来の保守ならば（漢籍を典とする点を）守るべきだが、安倍総理もコアの支持層も保守ではなく、ナショナリストだ。これも大本《おおもと》は漢籍になる。

【解説】青木氏は、地域とその歴史という時空間に愛情を持つ健全な愛国者をナショナリストと呼び、異なる概念である偏狭《へんきょう》な国粋《こくすい》主義者と同一視しています。加えて、穏健に改革を進める保守主義を現状固定主義と混同しています。

玉川氏：宮崎緑氏（有識者会議メンバー）は、安倍総理のお気に入りらしい。

菅野氏：そもそも、有識者会議の有識者は安倍氏が選んでいる。

玉川氏：国書がいいという人を選んでいる。
本郷氏：閣僚会議は壮大な忖度《そんたく》合戦だった。
玉川氏：これは壮大な政治ショーだ。
【解説】以上は、主観に基づく断定や憶測を根拠にした典型的な人格攻撃です。この誤謬を逆に用いれば、「玉川氏、菅野氏、青木氏、本郷氏は、視聴者を反日思想に導こうとしている中国の手先」と断定することもできます。
玉川氏：伝統というのは長く続いているから伝統だ。保守というのは伝統を守ることに依拠している。だから疑問だった。国書に変えたら伝統は途切れる。もう何でもよくなる。伝統はもう崩れた。
【解説】令和は国書（万葉集）に典がありますが、同時に漢籍（詩文集・文選《もんぜん》）にも典があると解釈することもできます。選考過程が完全に明かされていないにもかかわらず、「伝統が崩れた」と断言する玉川氏のプロパガンダは、不合理かつ偏狭です。
玉川氏：本当の教養人は、万葉集よりも論語にこういう文字があると言われたほうがカッコよく見える。
【解説】これは、修辞法を用いて反証を排除して自説に導く【本物のスコットランド人ならばそうはしない no true Scotsman】という誤謬です。この修辞法では、本物とは何かを論者が勝手に定義しているに過ぎず、結論は必ず「言った者勝ち」となります。

論理に反する極めて稚拙な言説で、情報弱者を政治的に心理操作しようとする『モーニングショー』のスタジオトークは悪質な誤謬の宝庫であり、何事も最後的にはコメンテーターの主観が結論となります。彼らの言説はまさに「我思う。ゆえに真実あり」であり、自分が思ったことをいつの間にか真実と認定してしまうのです。

不特定多数が視聴しているテレビ放送を通じて、根拠薄弱な主観を無責任かつ傲慢に発信するスタンスは、言論の自由を愚弄《ぐろう》する有害番組であると考えます。

6．今夜もちゃっかり安倍批判
テレビ朝日『報道ステーション』

転機はギャラクシー大賞

テレビ朝日『報道ステーション』は、日本のニュースショーの先駆けであった『ニュースステーション』の後継番組です。テレビのいわゆる「ゴールデンタイム」（十九時～二十二時）に引き続いて始まるこの番組は、ＮＨＫ『ニュースウオッチ９』よりも視聴率が高く、平日に日本人が一番よく視聴するニュースショーであると言えます。ドラマやバラエティ番組をたっぷりと愉《たの》しんだ大衆が惰性でテレビをつけていると、なんとなく映っているというのがこの番組です。

内容的には、朝日新聞と資本関係があるテレビ朝日の番組だけあって、朝日新聞の論調と多くの一致点が認められます。

古舘伊知郎《ふるたちいちろう》氏がメインキャスターを務めた体制から、テレビ朝日の富川悠太アナと元共同通信記者の後藤謙次コメンテーターを起用した体制に移行したのは、二〇一六年四月十一日です。この体制に移行して以来、暫《しば》くは前体制で顕著に認められた偏《かたよ》った政治スタンスに陥《おちい》ることなく、ある程度の公平性が担保された報道が続きました。それが転機を迎えたのが一六年六月二日です。

この日の放送では、前体制の一六年三月十八日に放映した特集「独ワイマール憲法の〝教訓〟」他が、ニュース番組として初めて二〇一五年度ギャラクシー大賞を受賞したことを報じました。

ギャラクシー大賞とは、テレビ業界のOBが中心となって構成されるNPO団体が毎年発表する内輪の賞です。これに対して富川アナは、「独自の視点で深く取材し、その本質や問題点を視聴者にわかりやすく多角的に提供する。これこそがジャーナリズムの役割と責任ではないでしょうか」という授賞理由をありがたく述べてから、「これからも私たちはこの姿勢を貫き、お伝えしていく所存です」という決意を示しました。

ちなみに、「独ワイマール憲法の〝教訓〟」は、ナチスドイツの全権委任法と自民党改憲案の緊急事態条項の類似性を強調して同一視させる【ヒトラー論証 Reductio ad Hitlerum】の典型例と言える特集でした。

この受賞に啓発されたかどうかはもちろん不明ですが、この日を境に『報道ステーション』は、「安倍憎し」と過激なパシフィスト（反戦主義者）路線を行動原理とする元来た道に回帰していくことになります。

本章においては、このあとに展開された『報道ステーション』の奇奇怪怪な偏向報道の方法論について、論理的に分析したいと思います。

客観を装う主観的言説

『報道ステーション』の偏向報道の核心は、説明VTRで都合のよい情報だけを流すチェリー・ピッキングというよりは、歴代レギュラー・コメンテーターの【主観に訴える論証 appeal to subjectivity】にあります。

一般に、晩年の筑紫哲也《ちくしてつや》氏・岸井成格《きしいしげただ》氏や、田原総一朗氏・鳥越俊太郎氏・橋本五郎氏・金平茂紀《かねひらしげのり》氏などのベテラン記者の言説には、自らの主観を絶対視して根拠薄弱なままに自説を強弁するという傾向が認められます。このように、言説の論者の個人的な直感・憶測・確信・希望・先入観・偏見・懐疑・経験等を根拠にした推論は、主観に訴える論証と呼ばれます。

当然のことながら、ベテラン記者であろうとなかろうと、言説の証明には客観的根拠が必要であり、論者の勤務年数は何の根拠にもなりません。長年にわたって培《つちか》われた経験は、客観的根拠を探し出す知恵を与えてくれますが、それ自体が客観的根拠にはならないことに注意が必要です。

共同通信記者やテレビのコメンテーターを長年務めてきた後藤氏も例外ではなく、毎日のように主観に訴える論証を連発しました。以下、いくつか例を挙げます。

〈安倍政権について〉

後藤謙次氏：「自民党総裁として読売新聞に発言しているからそれを読んで下さい」という総理発言は、メディアの私物化といってもよい。王道を踏み外していると言わざるを得ない（二〇一七年五月八日）。
後藤氏：安倍総理に近い人物が利益を受けることになると、安倍政権のトップリーダーとしてのモラルが問われても仕方がない（一七年五月二十九日）。
後藤氏：加計問題は違法ではないが、アンフェアだ。総理に近い人に認可が降ろされることになれば「それはないだろう」と皆が思って普通だ（一七年六月一日）。
後藤氏：今回の都議選の大敗は、自民党が負けた選挙だ。安倍総理は自民党の緩《ゆる》みと言ったが、私から言うと驕《おご》りのほうが敗因として大きい（一七年七月三日）。

後藤氏：私に言わせれば、「予定された政治ショー」だ。政権側には真相解明に向けての真《しん》摯《し》な態度、総理の言う丁寧な説明による事実解明にはほど遠い（一七年七月十日）。

〈解散の大義めぐり〉

後藤氏：有権者の方向を向いてない解散と言われてもしょうがない。解散権の私物化と言われても仕方がない。国民に対する背信行為と言ってもいい。仕事人内閣は全く仕事をしてないと言ってもいい（一七年九月十九日）。

後藤氏：野党の混乱・分裂によって、自民党に勝ちが転げ込んだ印象の選挙だった。目に見えない国民世論の壁と向き合っていく意味では、大勝のあとのほうが政権運営はより難しさを増した（一七年十月二十三日）。

後藤氏：我々が抱いている「真摯」という言葉と、安倍総理の「真摯」に落差がある。今日の予算委員会を聴くと、疑念・疑惑が膨らんだと言っていい（一七年十一月二十八日）。

後藤氏：相当の茶番と言ってもよかった。国民の側からは「まだ幕を下ろさないぞ」と言う声が聴こえている気がする（一八年三月二十七日）。

後藤氏：テレビ朝日は今回（女性記者へのセクハラ問題で）、記者会見をして事実を公表した。これでギリギリセーフだという気がする。福田次官の一連の対応はちょっと信じられない。麻生大臣の責任は非常に大きい（一八年四月十九日）。

【解説】 右記の例から、後藤氏は意見が対立する各アジェンダに対して、支離滅裂《しりめつれつ》な個人的な主観を根拠にして断じていることがわかります。特に始末が悪いのが、「〜と言わざるをえない」「〜と言われても仕方がない」「〜と言われてもしょうがない」「〜と言ってもよい」「〜と思って普通だ」といったイディオムを操って、単なる主観的見解をあたかも客観的真理であるかのように装って表現していることです。

このように、番組において「裁くのは俺だ I, the jury」と言わんばかりに「放言の自由」を謳歌《おうか》した後藤氏ですが、唯一、安倍総理が番組生出演する時だけは、借りてきた猫のようにおとなしくなってしまいました。少しでも発言しようものなら安倍総理に論理的に瞬殺されてしまう後藤氏には、発言を最小限にして後日たっぷり批判するという行動様式が認められたのです（笑）。

権威論証の駆使

『報道ステーション』の報道に特徴的なのは、論理が立たないようなことを疑似的に証明しようとするのに【権威論証 argumentum ad verecundiam】と呼ばれる誤謬《ごびゅう》を巧みに使うことです。権威論証とは、権威がある人は正しい言説を述べるという先入観を持たせて情報受信者を欺《あざむ》く方法です。以下にいくつかのパターンを示します。

〈サクラ行為〉

主観に訴える論証を多用する後藤氏をはじめとする『報道ステーション』のコメンテーターの言説は、メインキャスターの富川アナによってさりげなく強力に権威付けられていました。

富川アナは、コメンテーターの発言に絶妙なタイミングで頷《うなず》きながらありがたく拝聴する態度を見せる一方で、発言が終わるとコメンテーターよりも数段明快に発言要旨を整理して結論付けます。これは台本のあるテレビ番組に共通した公然の【サクラ行為 shilling】

ですが、富川アナの場合はまさにナチュラルそのものであり、嫌味や演出を全く感じさせないプロフェッショナルの技を持っていると言えます。

〈権威者に訴える論証〉

後藤氏は情報ソースとして、「政権幹部」「総理経験者」「大臣経験者」「捜査当局のOB」等の匿名の権威者が「～と言っていた」ことを根拠にして、自説を権威付けました。これは、【権威者に訴える論証 appeal to authority】と呼ばれるものですが、論理的には何の意味もありません。物事の真偽は、権威者の言説によって証明できるものではないからです。

〈他者に訴える論証〉

沖縄の問題になると、後藤氏の言説にいきなり登場するのが「沖縄の友人」なる匿名の人物です。後藤氏は、この人物の言説があたかも沖縄の民意を代表しているかのように装って自説を展開しました。

このように、他者の言説を無批判に肯定して推論することを【他者に訴える論証 ipse dixit ／ he, himself, said it】と言います。

〈漠然的権威に訴える論証〉

『報道ステーション』は、しばしば番組と同方向の論調を持つ映画監督・脚本家・俳優・芸術家・音楽家等の文化人をコメンテーターとして出演させて、番組の論調を権威付けます。これは【漠然的権威に訴える論証 vague appeal to authority】と呼ばれるものです。

都合が悪いと世論誘導

〈偽の権威者に訴える論証〉

『報道ステーション』は、基本的に各放送回で一人のコメンテーターを出演させるため、特定分野の権威者が専門外の事案についてデタラメなコメントをすることもしばしばあります。これは【偽の権威者に訴える論証 appeal to false authority】と呼ばれます。

たとえば、豊洲《とよす》市場の地下空間にたまり水が存在している件について、憲法学者の木村草太氏が、次のようにコメントしました。

木村氏：もし移転が完了したあとだと補修工事がすごくやりにくくなったと思うので、事前にわかってブラッシュアップできる時間や余裕ができたのはよかった。これは小池都知事の功績といってよい。水というのは本当に難しくて、私の知人も建物に大雨のたびに水が出てきて悩んでいる。豊洲市場は個人の住宅とは違って人の口に入るものなので、きちんと原因を究明して問題を塞《ふさ》いでから次のステップに進んでいってほしい。(二〇一六年九月十六日)

【解説】 このコメントは、いくつかの点で不合理です。

まず、豊洲市場に地下空間が存在しているということは、市場移転が完了しても地上の業務を阻害することなく補修工事を実施できることを意味します。つまり、小池都知事の移転延期の判断は功績ではなく大失敗と言えます。また、豊洲市場の地下のたまり水は人の口に入るものではありません。

木村氏の非常識なコメントは少なからず豊洲市場の風評被害を拡げたものと考えられます。

〈大衆に訴える論証〉

『報道ステーション』は、【チェリー・ピッキング cherry picking】によって自らの論調に都合がよい世論調査結果を繰り返し強調することで自説を肯定し、国民に同調圧力を与えます。これは、【情勢に訴える論証 appeal to the bandwagon】と呼ばれるものです。

森友問題において富川アナは、「世論調査によると、国民の八〇％以上がハッキリとさせる必要があると言っている。しっかりと問題を究明していただきたい」という言説を番組で何度も繰り返しました。一方で、都合が悪い世論調査結果が出ると、世論誘導まがいのことを始めます。

たとえば後藤氏は、「朝鮮半島情勢が揺らいでいるなかで世論調査をやると、共謀罪法案について支持する声が強い。政府はその世論を背景に進めようとしているが、是非皆様にも一歩立ち止まって考えてもらいたい。もう一度、世論の盛り上がりのなかで審議を取り戻してもらいたい」と視聴者に呼びかけました。これは政治報道ではなく、政治信条の【プロパガンダ propaganda】に他なりません。

なお、『報道ステーション』は「国民」という言葉の曖昧性《あいまいせい》を悪用することで、「民意」を騙《かた》った印象操作を乱発しています。これについては、『月刊Hanada』セレクション『財務省「文書改竄《かいざん》」報道と朝日新聞　誤報・虚報全史』に収録された拙記事で徹底的に分析していますので、お読みいただければ幸いです。

二重規範と言行不一致

世論調査結果を自説に都合よく使い分けているように、『報道ステーション』は一貫性のない【ダブルスタンダード／二重規範 double standard】や【言行不一致 inconsistent behavior】を頻発しています。特に悪質なのが、自信満々の主張を一夜で覆《くつがえ》したり、自分の過ちを棚に上げてスケープゴートを徹底的に断罪したりすることです。いくつか例を紹介します。

〈川内《せんだい》原発誤報〉

二〇一四年九月十一日、古舘伊知郎キャスター（当時）は朝日新聞の「吉田調書」誤報問題の報道で、「池上氏コラムの掲載をどうして見送ったのか？ どうしてここまで誤報になったか？ というプロセスをきちっと説明してほしい」と正義の騎士のように朝日新聞を断罪しました。

ところがその翌日、今度は『報道ステーション』の誤報が発覚します。『報道ステーション』は、二〇一四年九月十日放送の鹿児島県川内原発に関する報道において、虚偽の事実に基づき原子力規制委員会の田中俊一委員長の人格を貶《おとし》めたのです。

九月十二日の番組内で古舘キャスターは、前日の言葉などなかったかのように、誤報のプロセスについて一言も触れずに平謝りしました。『報道ステーション』は不誠実にも、この誤報の解明を回避したのです。

〈ビットコイン扇動〉

二〇一八年一月十五日の放送では、仮想通貨ビットコインについて「一年間で二十倍にも値段が上がった。取引の主役は日本人」と報じ、その価格上昇の背景として「利用者の信頼があるから成り立っている」「信用できる技術的裏打ち（ブロックチェイン）がある」と出演者が笑顔で絶賛しました。

ところが、そのわずか二日後の一月十七日、ビットコインの価格が大暴落。富川アナはひきつった顔で、「わずか一日で価格が四割も下落しました。ビットコインというものは、非常に価格変動が大きくて予測できないものだということがよくわかりましたね」と報じました。

あまりにも無責任です。

テレビ朝日の社長に辞任を求めるべき

〈過労死問題〉

『報道ステーション』はこれまでに電通、新国立競技場建設下請け会社、そして野村不動産などの過労死問題を番組で取り上げて、厳しく断罪してきました。

そんななか、二〇一八年五月十六日に、テレビ朝日がプロデューサーの男性社員の過労死を三年間も隠してきたという事実が発覚したのです。この時に『報道ステーション』が選択したのは、この事案の報道をスルーすることでした。

二〇一八年六月三十日には、テレビ朝日が三田労働基準監督署から実に四回も是正勧告を受けていたことも発覚しています。一方、二〇一八年九月二十七日に三菱電機の過労死事案（テレビ朝日の過労死事案と同時期に発生し、同じように労災認定された）が発覚すると、『報道ステーション』はしっかりとこの事案を報道しました。まさに、マスメディアは社会正義など関係なしの特権階級であるということです。

〈セクハラ問題〉

二〇一八年六月十一日、『週刊ポスト』の報道で、テレビ朝日の女性組合員の五六・三%が社内関係者からセクハラを受けていることが判明しました（テレビ朝日労働組合調査）。これは日本企業の平均値の約二倍であり、衝撃の実態であるといえます。

二〇一八年五月七日、麻生大臣の「セクハラ罪という罪はない」という発言に対して、「呆れる。セクハラが重大な人権侵害だという認識がまったくない。国際的な大きな潮流からすごくかけ離れた発言だ」と断罪した後藤氏ですが、世界どころか日本の認識からも相当ずれているのがテレビ朝日のセクハラ意識であるといえます。

もちろん、ダブルスタンダードの権化《ごんげ》である『報道ステーション』では、このギリギリセーフどころか完全アウトのトピックに関する報道は一切ありません。事案の重大性を考えれば、後藤氏は麻生大臣よりも先にテレビ朝日の社長に辞任を求めるべきでしょう。

暴言お構いなしの安倍憎し

政府関係者の発言を言葉狩りによって問題視する『報道ステーション』ですが、番組コメンテーターによる差別発言については寛容と言えます。その最たる例が、二〇一七年六月二十四日、テロ等準備罪の法案可決の際に出演した田原総一朗氏の発言です。

田原氏：安倍政権の進め方は無茶苦茶。トランプ氏も無茶苦茶だけど、あっちは愛嬌《あいきょう》ある。こっちは全然愛嬌ない。（中略）

公明党議員の本会議演説は、自民党に対する皮肉としか思えない。あれ、皮肉でなかったらバカだよ。金田法務大臣が説明を尽くしていくって言ったって、もう国会終わるんだから。何言ってんだと。デタラメ言ってるね。国民のほとんどが無茶苦茶だと思っている。こんなもの作る必要がないんだから。（中略）

金田氏を法務大臣にしたのは安倍氏の高等戦術だ。もっと金田氏よりしっかりした議員が自民党にはいっぱいいる。わざわざあんな議員を法務大臣にした。民進党も共産党も金田イジメ。金田イジメに時間を取って、共謀罪の本質に入る前に三十時間過ぎちゃった。

（中略）

安倍氏にはテロを封じ込めようという気はない。喜ぶのは警察だけだ。なぜ安倍氏は警察にお世辞を使わなければいけないのか。一つは岸（信介）氏だ。岸氏ができなかったことが二つある。一つは警察の力を強くする。もう一つは憲法改正。この岸氏ができなかっ

た二つのことを安倍氏はやりたい。（中略）
野党は安倍氏の高等戦術、バカな法務大臣をイジめることで時間を潰《つぶ》した。（中略）
安倍氏は、籠池《かごいけ》にしても加計にしても何で悪い人物ばかりと友達になるのか。本当の友達ならば安倍氏に迷惑かけない。何で？

【解説】政府与党に対して言葉の揚げ足取りを続ける『報道ステーション』では、「反安倍」である限り、このようなポリコレなどを遥かに通り越したヘイト発言が許容されるということです。

以上、本章では「主観に訴える論証」「権威論証」「ダブルスタンダード」「安倍憎し」という見地から、『報道ステーション』の報道を検証しました。マスメディアが政権を監視するのは極めて重要なことですが、批判ありきの不合理な監視は国民にとって有害なだけです。

なお、二〇一八年十月から金曜日のコメンテーターに起用された法律家の野村修也《のむらしゅうや》氏は、事実に忠実で、現実を論理的に見極めて、極めて公正なコメントを続けています。

また、後藤謙次氏の後釜として水曜日・木曜日のコメンテーターに起用された朝日新聞記者の梶原《かじわら》みずほ氏のコメントも非常に理性的で現実的です。これまでに同番組のレギュラー・コメンテーターを務めてきた偏向著《いちじる》しい朝日新聞記者とは天と地の差があります。

その一方で、月曜日と火曜日のコメンテーターに起用された共同通信記者の太田昌克《おおたまさかつ》氏は、旧態依然とした安っぽい精神論に基づく【感情に訴える論証 appeal to emotion】を乱発しています。特に新型コロナウイルスに対する緊急事態宣言が出された二〇二〇年四月七日の放送におけるこの発言にはドン引きしました。

太田昌克氏：安倍総理の緊急事態宣言には、覚悟・信頼・パンチ力・ダメ押しが欠けた。「地獄だ」とおっしゃっている市民の方がいる。戦後初めて大権を振るう。一番大きな権力を使う。行動の自由・私権の制限。そこを振るう為政者が「わかっている！　信頼してほしい！　だからきちんとした補償もやるんだ！　地獄を見るかもしれないけれど、一カ月たったら必ずいいことがあるんだ！　そこは己の政治生命を賭してもやり遂げる！　それだけいま、国家が国難なんだ！」くらいの気概を示してもらいたかった。行動の変容をどうやって促《うなが》すのかと言ったら、やはり最後は信頼であり為政者の覚悟だ。国会議員も閣僚もたとえば身を切る改革を行うとか、そういったことをせめて象徴的にやってほしかった。

【解説】太田氏は、浪花節《なにわぶし》のようなセリフを極めて説教くさく語りました。まるで、カラオケで『マイウェイ』を悦《えつ》に入りながら熱唱する部長のようです（笑）。そもそも、緊急時に見せかけのアジテーションで国民を心理操作するなど、独裁国家のポピュリズム丸出しのプロパガンディストの常套《じょうとう》手段です。加えて「身を切る改革をやって欲しかった」というのは、国民に媚《こ》びを売って信頼を買うべきだとでもいうのでしょうか。論点が完全にズレていて全く理解できません。太田氏の感情に訴える論証は今後も続きそうです。

7．関口宏氏主演の二時間サスペンス
TBS『サンデーモーニング』

新聞・テレビから情報を得る日本人

二〇一五年に実施された第六回世界価値観調査において、日本国民の七三％が新聞から、九四％がテレビから毎日情報を得ていることが判明しました。これはいずれも、調査を実施した五十七カ国中で一位の数字です。

また、日本は新聞・テレビの報道に対する信頼感も、先進国のなかでは飛び抜けて高く、ポジティヴに評価した人の割合が約七〇％にものぼります（米国は二〇％程度）。

この結果を素直に見れば、日本では公正な報道機関が主流派を形成し、賢明な日本国民がその報道を正しく評価していると解釈できますが、実際には画一的な偏向報道をする報道機関が主流派を形成し、疑うことを知らないナイーヴな日本の大衆を巧みに操作しているという解釈のほうがしっくりきます。

なぜなら、日本のメインストリームメディアの報道には詭弁《きべん》が横行し、その論調も一部（産経新聞など）を除き、「反政府」という価値観でほぼ一致しているからです。

たとえば、憲法改正反対、安倍政権・トランプ政権に対する嫌悪《けんお》、中韓擁護、核兵器禁止条約賛成、特定秘密保護法反対、安保法制反対、テロ等準備罪反対、普天間《ふてんま》飛行場の辺野古《へのこ》移設反対、原発反対、ＩＲ整備法反対、働き方改革反対、モリカケ審議継続賛成など、ちょっと挙げただけでも社民党・福島瑞穂議員の論調かと思うほど、反政府の論調を頑《かたく》なに堅持しています。

さて、そんな論調を放送法などどこ吹く風で先頭に立って世間に喧伝《けんでん》しているのが、毎週日曜日の朝に放映されているＴＢＳの高視聴率情報番組『サンデーモーニング』です。反政府の論調を持つ司会者とコメンテーターが、番組制作者が用意した説明ＶＴＲに込められた主張をスタジオトークで一糸乱れずに肯定するという定番のパターンは、情報番組というよりは、むしろ通販番組の要件を具備《ぐび》しています。

もっぱら、説明ＶＴＲに仕掛けられたオキマリの伏線を使いながら一堂に会した番組出演者がスケープゴートを断罪するシーンは、趣向を変えた二時間サスペンス番組のようです。

番組では、意見が対立する各種アジェンダに対して、無理に自らの論調を正当化しようとするため、番組出演者の言説には多くの【誤謬《ごびゅう》 logical fallacy】が含まれます。本章においては、このような誤謬を生む『サンデーモーニング』の偏向報道の方法論について、論理的に分析したいと考えます。

結論ありきの説明VTR

最初に、『サンデーモーニング』という番組の構成について簡単に述べておきます。この番組は、⑴主要ニュース、⑵スポーツニュース、⑶その他のニュース、⑷特集「風をよむ」という四つのセグメントによって構成されています。

まず、⑴主要ニュースは、過去一週間にあった三つの話題に対して、それぞれ女子アナが説明VTRを使って紹介したうえで、五ないし六名のコメンテーターが順番に意見を述べるというものです。ニュースの内容は、必ずしも国民生活にとって有意義なものであるとは限らず、日米の政権批判に繋がる内容を含むものがほとんどと言えます。

説明VTRは、事案の本質を紹介するというよりは、まるで時代劇のような勧善懲悪《かんぜんちょうあく》のコンテクストで、「越後屋《えちごや》」のようなスケープゴートを創作する結論ありきの偏向した内容となっています。

特に、スケープゴートの他愛《たあい》もない発言の切り取りや、事案に対する番組の主観的評価など、スタジオトークにおける批判の伏線となるような【アジテーション agitation】に富んだ演出が張りめぐらされています。

そしてスタジオトークにおいては、この結論ありきのVTRを権威付けるかのように、コメンテーターが次々とVTRの趣旨を肯定する見解を述べるという【情勢に訴える論証 appeal to the bandwagon】に乗るトークが展開されます。コメンテーターは恋人のように互いを見つめ合いながら、功を競うかのようにスケープゴートを批判します。

ここに【情報弱者 information poor】は、恣意的《しいてき》なVTRによって【情報操作 information manipulation】されたうえで、【御用コメンテーター spin doctor】の発言に【心理操作 mind control】され、結果として番組の意図する方向に誘導されていくことになります。

次に⑵スポーツニュースは、政治などに興味のない層を番組に呼び込むための客引きの役割をしています。実際、話題性を重視して構成されたスポーツのVTRはコンパクトによくまとまっていて、ナチュラルな問題発言を適度に繰り返す張本勲《はりもといさお》氏というキャラクターの存在も、視聴者を惹《ひ》きつけています。

多くの大衆は、この魅力的な蜘蛛《くも》の糸に引っかかって、前後のニュースをついでに観てしまうことで心理操作されてしまうのです（笑）。

(3)その他のニュースは、数種類の単発的な話題で構成されます。各ニュースに対しては、コメンテーターが皮肉を込めた、ありがちな批判をします。インターネットを使わない情報弱者が世間話のための時事ネタを仕入れるには、恰好《かっこう》のセグメントであると言えます。

最後の(4)「風をよむ」は、世に蔓延《はびこ》る危険な世相を番組コメンテーターが斬っていくという企画ですが、その世相自体は番組制作者の主観によって無理に造られた感が否めません。

日曜の朝、BGMとして流れるヒーリング系の音楽によって脱力&思考停止させられた視聴者が、一方向の考え方をリフレインのように繰り返し聞かされていく構図は、カルト宗教の勧誘の手口とよく似ています。まるで、森羅万象《しんらばんしょう》を知り尽くした万能の知恵を持つ天の神々が上から目線で病に陥《おちい》っている下界を治療するような場面設定ですが、実際には風どころか世間の空気も読めないようなコメンテーターが、主観に訴えながら論拠薄弱に番組の論調をプロパガンダしているに過ぎません。

このセグメントでスケープゴートとなるのは主として日米の政府ですが、最近ではこれに加えて、ネット言論が【フェイクニュース fake news】の発信源として槍玉《やりだま》に挙げられています。

特に、二〇一七年の衆議院選挙前に放映された「ふたつのフェイク（ニセ情報）」という特集では、徹底的にネット言論を非難しました。

この特集は、野党の候補者を貶《おとし》めるフェイクニュースがＳＮＳのツイッター上で二百二十万回以上リツイートされ、あっという間に世間に拡散されたというエピソードを紹介したものでした。

ところが、実際にリツイートされたのはたったの二百三十回であり、二百二十万回以上リツイートという情報は、完全なフェイクニュースだったのです。

つまり、『サンデーモーニング』はとんでもないフェイクニュースによって、影響力がほとんどなかったインターネットのフェイクニュースを徹底的に非難したのです。

ちなみに『サンデーモーニング』の世帯視聴率は一五％前後であり、関東地区だけでも約二百八十万世帯が視聴していると言えます。

フレーミング効果の悪用

さて、ここからは偏向報道の方法論について紹介していきたいと思います。『サンデーモーニング』の報道スタンスとして一目瞭然なのは、ニュースの登場人物に対して常に善と悪を割り当てて、その政治議論をとりまく「勝ち負け」のみに焦点を当てることです。これを【戦略型フレーム報道 strategic frame】と言います。

本来の「メディア」(媒体)の役割は、「政策」に焦点を当てて、そのメリットとデメリットを明確に示す【争点型フレーム報道 issue frame】を行うことであることは自明ですが、『サンデーモーニング』では「悪」に割り当てた人物の政策のデメリットのみを報じ、そのことを根拠にその人物を【人格攻撃 ad hominem】するという手法を取ります。

一般に政治の世界では、【二律背反《にりつはいはん》 antinomy】の命題となることが多い「政策」に存在するメリットとデメリットを精査し、「最大幸福追求型」「最小不幸追求型」「バランス追求型」などの価値観を基に政策を選択することで法案を作成します。このとき法案には、一方を優先すれば他方が劣後《れつご》するという【トレードオフ trade-off】の関係が生じ、メリットとともにデメリットが存在することとなります。『サンデーモーニング』は、このデメリットのみに着目した戦略型フレームで、スケープゴートである日米政府の法案を批判していると言えます。

このような戦略型フレーム報道は、争点型フレーム報道と比べて視聴者の【シニシズム

cynicism】を刺激することが知られています。つまり戦略型フレーム報道によって、大衆は法案を正当に評価することなく、「政治家は権謀術数《けんぼうじゅっすう》的な存在であり、どうせ裏がある」という偏見の想起によって、法案を思考停止に否定してしまうのです。

このような報道のフレームの違いによって、報道を受ける側が受ける効果を【フレーミング効果 framing effect】と言います。

たとえば『サンデーモーニング』は、二〇一五年の安保法案の報道において、法案のメリットに関する説明をほとんどすることなく、ひたすら「デモに若者・高校生・ママが参加した」「芸能人や学者が声を上げた」等の戦略的行動に関する報道や政権側の構成員の人格攻撃に終始しました。これによって、安保法案のメリットを覆《おお》い隠して無効化したのです。

二〇一九年の「移民キャラバン」の報道も同様です。トランプ大統領が「不法移住民 illegal migrants」の入国を厳格に取り締まる政策を打ち出すことは、米国の「国としての人格権」を守る常識的な施策（どこの国でも普通に行っている）と言えますが、番組ではその点を明示することなく、人種差別反対のデモや、不法な国境越えを目指す「移住民キャラバン migrant caravan」の映像を美化して報じることで、トランプ大統領の人格を攻撃しています。

まさに「移民 immigrant」と「移住民 migrant」の差異という争点を語らずに、決めつけの善対悪の構図でその戦略的行動のみを報じているのです。

プライミング効果で錯覚を

『サンデーモーニング』では、極めて頻繁に安倍政権やトランプ政権に対するスキャンダル追及、発言の切り抜き、世界における反グローバリゼーションの動きなどをトップニュースとして取り上げます。

一般にテレビ番組の視聴者は、トップニュースに選定された出来事が、あたかも自分たちの生活にとって最も重要な論点であるかのように錯覚することが知られています。これは、メディアの【議題設定 agenda setting】機能と呼ばれるものです。

また、番組視聴者は【利用可能性ヒューリスティック availability heuristic】という脳の働きによって、繰り返される番組の主張を簡単に想起するようになります。そして、説明VTRを通じて刻み込まれた疑似体験を実体験のように錯覚してしまいます。これは【培養理論 cultivation theory】と呼ばれるものです。

さらに、番組視聴者はこのような脳の働きに影響を受け、その議題に対する番組の論調に従って政治や社会を評価するようになる傾向があることが知られています。このような刺激に対する反応傾向のことを【プライミング効果 priming effect】と言います。

一部大衆が、国民の生活とはほぼ無関係なモリカケ問題のみを基準にして安倍首相の存在のすべてを査定するような風潮は、マスメディアが大衆に植え付けたプライミング効果の端的な例です。他愛もない大臣の発言がその進退問題に発展することを当然視するようになっている風潮も、プライミング効果によるものです。

政治における情報歪曲《わいきょく》の方法のうち、『サンデーモーニング』が多用するのが、スケープゴートの人格を【悪魔化 demonization】して、その主張を無効化する【対人論証 argumentum ad hominem】です。

対人論証の方法としては、侮辱的・名誉毀損《きそん》的・軽蔑的な言葉を浴びせる【判断的語用 judgmental language】による攻撃、主観的評価を内包した形容詞・副詞で低評価を与える【評価型表現 evaluating word】による攻撃、人格を貶める情報を流布《るふ》する【毒の混入 poisoning the well】、スキャンダルを喧伝する【ゴシップ攻撃 appeal of gossiping】、ネガティヴな印象を固定化する【レッテル貼り labelling】、画一的タイプに区分して蔑視する【ステレオタイプ化 stereotyping】が多用されます。

そして、このような対人論証のなかでも最も悪質なものが、スケープゴートをアドルフ・ヒトラーに見立てる【ヒトラー論証 reductio ad Hitlerum】です。実際に番組では、しばしば根拠薄弱にナチスドイツと現在の日本とを関連付けたり、トランプ大統領とヒトラーを同一視したりして悪印象を植え付けています。

奇想天外な未来予測

『サンデーモーニング』は、現在の政権や世相と過去のネガティヴな出来事との類似点を、環境条件や程度の違いを無視してことさら強調します。これは【アナロジーの乱用 abuse of analogy】と呼ばれるものです。

さらに番組は、アナロジーの乱用によって導かれた「多数の事象の積」である極めて生起確率が低い重大事象の発生を、しばしば過剰に警戒します。これは【ドミノ理論 domino theory】と呼ばれるものです。

このようなアナロジーの乱用とドミノ理論によって、『サンデーモーニング』は奇想天外な未来予測を行っています。典型的な例をいくつか紹介しておきます。

二〇一二年の自民党総裁選で安倍晋三議員が総裁に指名されると、岸井成格《きしいしげただ》氏は「右傾化の風潮のなか、二大政党が行き詰まって毎年総理大臣が代わるなかで敵を外に求め、盧《ろ》溝橋《こうきょう》事件が起きて戦争に向かった。非常に似ているので心配だ」というアナロジーの乱用によって、日中戦争の勃発《ぼっぱつ》を危惧《きぐ》しました。

TBSドラマ『半沢直樹』がヒットすると、ドラマへの共感の背景にあるのは日本社会の閉塞感《へいそくかん》であるとして、その閉塞感から「戦前の日本やナチスドイツの人々が現実の問題を見たくない、現実を否認し続けた結果、ナチスを支持し、後戻りができないところまで進んだ」（萱野稔人《かやのとしひと》氏）というドミノ理論によって、戦争の勃発を危惧しました。

特定秘密保護法案の議論においては、軍機保護法とのアナロジーを展開し、「どんどん拡大解釈されて独り歩きして濫用《らんよう》され、批判させない国家をつくる」（岸井成格氏）「テレビで取材もできなくなる。とんでもないことで国民が捕まることも出てきてしまう。戦前に戻る」（関口宏氏）

などという、ドミノ理論による未来予測を行いました。

安保法案の議論において、

「自衛隊をいつでもどこでも戦闘地域に送り出して武力行使できるようにするのが目的だ」（岸井成格氏）

「安保法案はアメリカと一緒に戦争するという法案だ」（目加田説子《めかたもとこ》氏）

「局地的な紛争が起きたり、テロが起きたり、自衛隊に戦死者が出ると、国民もメディアも熱狂する。国家機能を強化する法案が本格的に駆動した時に、恐ろしい監視国家・管理国家になりかねない」（青木理《おさむ》氏）

などと、法案の制約条件をまったく無視した妄想のようなドミノ理論を展開しました。

ちなみに、マイナンバー制度が始まると、目加田説子氏は「知り合いの年配の方が、マイナンバー制度で預金情報などの個人情報がすべて丸裸にされてしまうことに危機感を抱いて、預金をおろしてタンス預金化した。それを狙う空き巣も増えているという話を伺った」と、マイナンバー制度を軽蔑するように批判しました。

目加田氏の知り合いは、預金情報を公務員に知られるリスクを恐れて、預金を空き巣に盗まれるリスクを選択したことになります。ここまでくると、ギャグとしか思えません（笑）。

あからさまな選挙活動

『サンデーモーニング』の大きな闇の部分が、国政選挙の前になるとバレバレの大衆誘導を行い、テレビ放送を選挙活動に利用していることです。以下に具体的な例を挙げます。

二〇一二年衆議院選挙：佐高信《さたかまこと》氏が、「憲法は守る。原発は脱の方向に進める。TPPはちょっと待ったと。この三つの方向で選択するのがいい」と、番組で投票先を視聴者に勧めました。

二〇一四年衆議院選挙：投票率を上げることが野党にとって票を伸ばす唯一の望みであるなか、数名のコメンテーターが選挙当日に、常軌《じょうき》を逸《いっ》した発言で投票を呼びかけました。

「選挙に行きますか、人間やめますかだ」（姜尚中《カンサンジュン》氏）

「少数意見が議論できる人間を確保する選挙だ。安倍氏も覚悟していただきたい。そういうつもりで選挙に出かけていかないと、この国の未来が恐ろしいことになる」（浅井慎平氏）

「策略にハマっている。あえて選挙に行ってほしい」（中西哲生《てつお》氏）
「いまのうちに解散という安倍氏や政権与党の思惑が、各メディアの予測に出てきちゃっている」（岸井成格氏）

二〇一六年参議院選挙：選挙当日に岸井成格氏が、「権力は必ず腐敗し、暴走する。チェックするシステムを二重三重に作っておかなければいけない。健全かつ強力な野党が存在しないと、議会制民主主義は有効に機能しない。参議院を考えるとき、この鉄則を有権者・国民がきちんと考え直すことが非常に大事だ。いまは衆議院のカーボンコピーのように政党化が進んでしまった。これは打破しないといけない」と、実質的に野党候補への投票を呼びかけました。

二〇一七年衆議院選挙：選挙当日に田中優子氏（法政大学総長）が、「今回の選挙は二つの道のどちらかを選ぶ物凄く大事な選挙だ。一つは軍事化とか軍需産業に将来的に結びつく道、もう一つは世界の大きな流れであるパリ平和条約とか核兵器の廃絶の流れに繋がって、軍事化とは別の道を歩もうとする方向だ」と語りました。

脈絡《みゃくらく》もなく過激なパシフィストのような言説がいきなり飛び出すところが、この番組の極めて特異なところです。

偏向報道を十二週！　これ以上騙されないために

そして何よりも暴走したのが、二〇一三年参議院選挙前の報道です。憲法改正案を持つ自民党に対峙《たいじ》するように、番組ではなんと十二週にもわたって選挙に特化した偏向報道を展開しました。

二〇一三年参議院選挙：

〈参院選近づく①〉

河野太郎氏：選挙結果で内閣はやりたい放題できるので、良識派は相当しっかり良識をもって参院選に臨まなければいけない。

岸井成格氏：安倍政権は戦争できるような体制にするのか。

〈参院選近づく②〉

関口宏氏：結果次第では日本の国が変わってしまうかもしれない。

田中優子氏：次の選挙は改憲がポイントで、自民党案は非常に古くて狭くて内向きだ。自民党がこのまま政権を取り続けると怖い。

〈参院選近づく③　歴史認識〉

岸井氏：安倍政権は戦争を正当化しようとして、占領政策を否定しようとしているのではないか。

〈参院選近づく④　憲法前文〉

関口氏：政治家が『国民はこの憲法に従いなさい』というのはもともと違う。

辺真一《ピョンジンイル》氏：変える必要がどこにあるのか。

〈参院選近づく⑤　憲法一条〜八条〉

辺氏：天皇を元首としようとする動きがあることは、戦前回帰に繋がるという警戒の声がアジアにある。

〈参院選近づく⑥　憲法九条〉

関口氏：九条があったから六十年間、戦争しなかったし、他国からの信頼も得られた。

佐高信氏：政治家は理想を語るものだ。現実を語って云々《うんぬん》というのは、政治家としておかしい。

〈参院選近づく⑦　憲法「国民の権利及び義務」〉

岸井氏：メディアの立場で言うと、表現の自由が物凄く気になる。

〈参院選近づく⑧　憲法「最高法規」〉

目加田説子《めかたもとこ》氏：権力者側が改正しようと言っているのだから、注意が必要だ。

関口氏：自民党が参院選で圧勝すると、やりやすくなる。

〈参院選近づく⑨　景気ばかりではありません〉

中西哲生氏：いいことばかり言っているのは裏が必ずある。

〈参院選近づく⑩　民意の受け皿〉

浅井信雄氏：安倍氏はねじれを解消して安定させるのが大事と言っているが、バランスも必要だ。

田中優子氏：今度の参院選は、政権を止めて監視する政党や議員を育てるチャンスだ。そういう集団を選びたい。

〈参院選はじまる〉

関口氏：参議院のチェックがなくなったら政権が暴走する。

〈きょう投票日〉

寺島実郎《てらしまじつろう》氏：株が上がってめでたい症候群と、近隣国に舐《な》められたくない内向きに向かっている日本が、世界のなかでどういう責任を果たしていかなければならないか考えたい。

岸井氏：中国と韓国は、日本の右傾化への懸念が強い。

関口氏：ねじれがなくなると……ねじれだってあったほうがいい時がある。

【解説】 このように、『サンデーモーニング』は単なる偏向報道を行っているだけではなく、国政選挙において一線を越えた大衆誘導を行っていると言えます。番組がよく話題にする「戦前のような情報統制」を行っているのが誰なのかは一目瞭然です。

詐欺師の詐欺に騙されないために詐欺の方法論を知ることが有効であるように、マスメディアの偏向報道に騙されないためには、偏向報道の方法論を知ることが有効です。

そして多くの国民が、こういった「やり口」に関する知識を共通の認識として持つことこそが、マスメディアの暴走を許さない抑止力となると言えます。

韓国の行動への批判を根拠なく「嫌韓」と断定

偏向報道と言えば、『サンデーモーニング』の親韓ぶりも尋常ではありません。二〇一九年の日韓対立の事案において番組は、数週間にわたり一方的に日本批判を展開しました。以下、詳細に分析していきたいと思います。

戦後七十四年が経過した当時、戦前・戦中に韓国統治政策にかかわっていた日本国民はほぼ皆無であり、一方で戦前・戦中に日本から被害を受けた韓国国民も極めて少なくなっています。

そんななかで、当時の韓国国民の子孫たちは、当時の日本国民の子孫たちに対して、現在も【戦争責任 the responsibility for the war】についての無限の謝罪と賠償の要求を無《む》間《げん》地獄のように絶え間なく続けています。これは、血縁と国籍を根拠にして人格を攻撃する【出自《しゅつじ》に基づく論証 genetic fallacy】と呼ばれる【状況対人論証 circumstantial ad hominem】であり、日本人あるいは日本国民に対する【差別 discrimination】に他なりません。現在の韓国による反日行動のほとんどは、非論理的な言いがかりに基づく行為、すなわち【モラル・ハラスメント moral harassment】に当たる行為です。

特に近年の行動は常軌を逸しており、たとえば韓国政府による慰安婦合意に違反する慰安婦財団の解散、韓国大法院による日韓請求権協定に違反する徴用工判決、韓国政府による非科学的根拠に基づく日本産水産物の輸入禁止、韓国軍による海上衝突回避規範に違反するレーダー照射、韓国国会議長による天皇の出自（戦犯の息子認定）を根拠とする差別的な謝罪要求、韓国政府による日本からの軍事転用物資輸入に際する不適切事例に対する改善拒否、約八割の韓国国民による差別的な日本製品不買運動、八割超の韓国国民による差別的な日本旅行ボイコット、韓国政府による東アジアの安全保障を揺るがすＧＳＯＭＩＡの破棄通知、韓国自治体による特定日本企業に対する出自（戦犯企業認定）を根拠とする差別的な製品不買条例の可決、韓国政府による震災復興を妨害する福島第一原発処理水に関する非科学的な問題化、韓国政府による根拠不十分な東京五輪における旭日旗《きょくじつき》応援禁止要求……など、枚挙《まいきょ》に遑《いとま》がありません。

その一方で、この間に日本政府が韓国に対して何を行ったかといえば、不適切な事例の存在を根拠とする韓国向け輸出管理の厳格化（優遇除外）のみです。もちろん、この行為は国際協定に基づく適正な法的措置であり、韓国が主張するような徴用工判決への報復行為ではありません。また、日本国民もいたって冷静であり、国民主体の大規模な反韓行動は全く発生していません。

オチは必ず「日本が悪い」

このように、韓国政府あるいは韓国社会が一方的に反日行動を続けるなか、新聞・テレビ・ラジオ・インターネット番組、雑誌など多くの日本のメディアは、基本的にその「行為」に対して論理的な【批判 criticism】を行っています。これは、けっして韓国人という人種あるいは韓国国民という国籍を持つ「個人」に対する「差別」ではありません。このような正当な「批判」に対して、日本の一部の自称知識人や一部のメディアは、ほんの一握りの「差別」の事例と同一視して、ヘイトを想起する「嫌韓ムード」なる風潮が日本社会を支配しているかのような【プロパガンダ propaganda】を展開しています。

これは一部の例を根拠にして、すべての場合にその例が成立するかのように一般化する【虚偽の概括 faulty generalization/proof by example】と呼ばれる誤謬に他なりません。

このプロパガンダは、ときに韓国批判をする論者に対する人格攻撃となり、【沈黙の螺《ら》旋《せん》 spiral of silence】を形成してその言論を封じ込める効果があります。すなわち、日本の一部の自称知識人や一部のメディアは、「韓国に対する批判」に対して「嫌韓ムード」というレッテルを貼ることで、そのすべてを無力化しようとしているのです。

加えて、彼らの言説には、情報受信者に「日韓対立の原因は日本にある」、あるいは「日韓対立の原因は双方にある」といった事実とは異なる印象を植え付ける情報操作や心理操作も多く含まれています。

『サンデーモーニング』はこのような日本メディアの先頭に立って、日本を一方的に批判してきた番組と言えます。

番組では、基本的に韓国政府の主張を説明VTRでプロパガンダしたうえで、スタジオトークにおいて出演者が一糸乱れぬ画一的な論調で、日本政府と日本社会に対する「説教」を行いました。コメンテーターはもっぱら「反日の立場で日韓対立を語って下さい」という大喜利《おおぎり》のお題に対して、功を競ってネタを披露する芸人のようです。

何かしらクドクドした話をしたうえで、最終的に【個人的確信 personal assurance】で「日本が悪い」というオチに至るのが基本パターンです。以下、時系列順に出演者の発言の具体例を挙げながら、検証してみたいと思います。

客観的根拠が欠如した批判

〈七月七日　対韓輸出規制を発動　日韓関係悪化の一途〉

アナ：四日、政府は韓国に対して輸出規制の強化を発動しました。まさに、韓国産業の急所を狙い撃ちにした形です。やられたらやり返す。そんな連鎖に繋がっていく可能性も否定できません。

関口氏：報復の連鎖というのはいい方向へは進んでいかない。

田中秀征《しゅうせい》氏：どちらかが我慢しなければ終わらないとしたら、やっぱり日本が我慢したほうがいい。

大宅映子《おおやえいこ》氏：自国ファーストの風潮の真っただ中に、日本が突っ込んでいくのはちょっとな。世界から、安倍氏がトランプになったと言われている。

青木理氏：冷静になったほうがいい。こんなことをやったら、自由貿易体制を傷つける。こんなことをして。そもそもは日本の戦争中の問題なので、欧米も支持してくれない。選挙目当てかもしれないが、取り返しがつかないことになる。

【解説】 この番組では、多分に恣意的《しいてき》な評価を含んだ情報をアナウンサーが読み上げたうえで、その流れに沿った結論を各コメンテーターが無理矢理導くというのがお決まりのパターンです。

この日の放送では、日本が行った自由貿易の枠組みを堅持した「輸出管理」を「輸出規制」と称し、日本が韓国の徴用工判決に対して報復を行ったとする決めつけを前提として、日本をシニカルに批判しています。

基本的に、各コメンテーターには日本を論理的に批判する客観的根拠が欠如しているため、「日本が我慢したほうがいい」「自国ファースト」「冷静になったほうがいい」「選挙目当て」といった個人的確信（決めつけ）を根拠にして、理不尽かつ傲慢《ごうまん》に日本を批判します。各コメントに共通しているのは、争いの原因を作った日本が悪いという結論です。

〈七月十四日　日韓対立泥沼化〝輸出規制めぐる攻防〟〉

アナ：韓国では日本製品の不買運動を支持する人が七割近くにのぼっていて、日本が韓国に向け発動した輸出規制に対し、怒りの声が上がっています。康京和《カンギョンファ》韓国外相の訴えに対し、ポンペオ米国務長官は「理解を示した」としています。

寺島氏：だんだん日本もトランプ病が移ってきた。自国利害中心主義で、「少しは蹴り返したほうがいい」という空気が出てくることの怖さ。日本は日中韓の大学の単位互換協定といったプラスの問題とシリアスな問題をテーブルに載せながら、スケールの大きさを見せなければいけない。

西崎文子《にしざきふみこ》氏：日本は政治と貿易を結びつけた。トランプ流というのは本当にそうだ。

藪中三十二《やぶなかみとじ》氏：日本側の説明がぶれた。徴用工問題があって信頼関係が崩れたと。韓国も冷静になっている。

松原耕二氏：日本が言う「不適切な事案」がなんだかわからない。

【解説】アナウンサーは韓国の怒りをことさら強調し、怒りを振りかざす相手に譲歩する性向を持つ日本国民のメンタリティを刺激しています。また、ポンペオ長官が韓国の訴えに「理解を示した」としていますが、これはミスリードです。外交における「理解を示した」は「主張の趣旨がわかった」という意味であり、「主張を支持する」という意味ではありません。

各コメンテーターはこの日も個人的確信を振りかざして、日本に非があるように結論づけています。特に支離滅裂《しりめつれつ》なのは、日韓対立を解消するには日中韓の大学の単位互換協定が有効と主張する寺島氏と、不買運動をして怒りをぶつける韓国を冷静と評価する藪中氏です（笑）。

罪人の子孫は罪人

〈七月二十一日　〝輸出規制〟〝徴用工〟日韓不信の連鎖〉

アナ：韓国で広がる日本製品の不買運動。不買運動に参加していると答えた人が五割を超えたという報道もあります。韓国への輸出規制をめぐって悪化の一途をたどる日韓関係。

谷口真由美氏：日韓が対立して、最終的に誰が何の得をするのか。両国の市民の感情を煽《あお》る〝こすい〟やり方で支持率を上げるなよ。

青木氏：日韓請求権協定で解決済みと日本は言っているが、個人の請求権は消えない。当時の韓国は軍人出身の独裁政権で、政治的妥協をして人権問題に蓋《ふた》をした。それが、韓国が民主化して噴き出してきた。日本の過去の悪行と言ったらなんだが、植民地支配があるのだから、日本が解決済みとふんぞり返って済む問題ではない。

【解説】アナウンサーは相変わらず、対立の原因は日本であるかのように印象づけています。谷口氏の言説は個人的確信で両者を悪魔化する喧嘩両成敗論、青木氏の言説は過去の日本国民が関与した歴史を根拠にして現代の日本国民を裁くヘイトスピーチです。悪行を犯した罪人の子孫は罪人である、と主張しているに他なりません。個人の賠償請求に対して支払う義務があるのは日本政府・日本企業ではなく、韓国政府です。

〈七月二十八日 〝輸出規制〟WTOで日韓応酬〉

アナ：WTOの議長は最後に、「この件が二国間で解決されることを祈る」と述べました。他の加盟国は、「韓国は熱が入っていた。これは日本が始めた問題だと思う」。韓国は日本に二国間協議を呼びかけていますが、日本は応じる姿勢を見せていません。

寺島氏：二国にとってプラスになる提案・アイデア・プロジェクト・制度も一方で進めていくリーダーシップがないと日本はダメだ。たとえば、次世代の若い学生交流のキャンパス・アジア構想がある。

幸田真音《こうだまいん》氏：友人からこれに関するメールがきた。国内では優遇措置をやめただけだと説明しているが、外から見たらそう見えていない。安倍氏はトランプのマネをしていると捉《とら》えられている。

高橋純子氏：日本は輸出管理制度に基づく措置と言っているが、当初の首相や閣僚の発言を聞いても、徴用工問題の意趣返しであることは否定できない。間違いない事実だ。日本の価値・ブランドを傷つけている。

松原耕二氏：ある元外交官が言っていた。上の世代のさらに上の世代から、「なんでお前たちはそんなに韓国にきつく出れるんだ」と言われる。上の世代は植民地支配に対する贖《しょく》罪《ざい》意識があった。それがどんどん消えて行って、そうじゃない世代がいまの政治を支えている。

【解説】ＷＴＯ一般理事会で全加盟国から完全に無視された韓国の日本批判ですが、アナウンサーは会場外で一例あった韓国擁護の発言を紹介し、韓国に理があるかのような印象操作を行いました。

寺島氏は相変わらず解決策として大学の単位互換協定を主張（笑）、幸田氏は単なる友人の話を権威づけて日本を批判、高橋氏は異常なまでにヒステリックな個人的確信で日本を断罪、松原氏は元官僚による人格攻撃を紹介してそれで【権威論証 argumentum ad verecundiam】を行うといったように、無理矢理に日本が悪いという結論を導いています。

視聴者をミスリード

〈八月四日　〝優遇除外〟韓国猛反発　日韓深刻な局面に〉

アナ：文《ムン》大統領は「報復の連鎖を止められる方法はただ一つ、日本政府が一方的で不当な措置を一日でも早く撤回し、対話への道に出てくることだ」と対話を促《うなが》す発言もしているんですよね。

大宅氏：トランプ流の流れで今回の問題がある。欧州も「世界中が困っている」という論調だ。

岡本行夫氏：経産省のやり方は荒っぽ過ぎる。

西崎氏：誰のための利益になっているのか。

青木氏：「韓国が過去の話をいつまでも持ち出してきて合意も守らない。だから懲《こ》らしめるんだ。一泡吹かせるんだ」というのが日本の本音だ。当初は「徴用工の問題で信頼関係が崩れた」と言っていたのに、いまは「安保の問題」と言い出している。落とし所を考えないで感情的に通商圧力を振り回すのは、本当に愚かなことだ。

国民はこうなると煽られる。政治と我々メディアが、いまは完全に煽るモードに入っている。

ＧＳＯＭＩＡだって日本が理屈を与えた。日本は「韓国は安全保障上信用が置けない国だ」と言った。韓国にしてみれば、「ＧＳＯＭＩＡだってできないじゃないか」という話になる。

関口氏：国民がまず冷静でなければいけない。

【解説】アナウンサーは文大統領の理不尽な要求を拒否した日本政府を批判、大宅氏は人格攻撃と権威論証で日本政府を批判、岡本氏は韓国の非を認めつつも日本政府にお説教、西崎氏は論点を変更しています。

青木氏に至っては、輸出管理とＧＳＯＭＩＡ破棄の問題を同じ土俵に上げて、韓国のＧＳＯＭＩＡ破棄論を擁護しています。これは詭弁に他なりません。輸出管理はあくまでも韓国の不正企業に対する安保上の信頼喪失であり、韓国政府に対する安保上の信頼喪失を意味するものではないからです。

〈八月十一日　泥沼日韓関係　文大統領「北との経済協力で」〉

寺島氏：我々がいまやらなければならないことは、若者の東アジアの交流のプログラムを維持し、拡大していくことだ。大学の単位互換協定の会議が迫っている。

浜田敬子氏：韓国の市民は冷静だ。安倍政権と日本国民に対しての感情を分けようと能動的に行動している。一方で日本は、安倍政権の韓国への輸出規制に対して支持する人が増えている。そのことが日韓関係・日本経済にどういう影響があるか、冷静に考えなければいけない。

松原氏：韓国側は、日韓関係が悪化しても、反比例するかのように日本人への好感度はいままでにないくらい、さらに上がっている。つまり切り分けている。

【解説】 寺島氏はもはや偏執狂《へんしゅうきょう》的です。浜田氏は怒りに任せて、日本製品不買運動と日本旅行ボイコットという国籍差別を続ける韓国国民を冷静と評価し、落ち着いて事態を見守っている日本国民を冷静でないと警告しています。

松原氏は輸出管理事案が発生する前の六月の統計値を使って韓国国民の対日感情を称賛し、視聴者をミスリードしています。実際には、この時点で日本国民を差別する日本製品不買運動への韓国国民の支持が八〇％にのぼっていました。

極端な事例を一般化

〈八月十八日　「光復節《こうふくせつ》」文氏演説日本批判を抑制〉

青木氏：韓国のなかでは、「日本が全部悪いのではない」「いまの問題は安倍政権なのではないか」という意見が出ている。気になるのは日本のほうで、最近テレビを見ていても韓国批判一色だ。本屋に行けば、韓国・中国をバカにする本がある。日本のほうが、むしろ世論が一色化していく傾向が強まっている。もう少し客観的に冷静に自制する必要がある。

関口氏：そうですね。日本に漂《ただよ》っている全体の空気ね。

安田菜津紀《なつき》氏：日本のなかで加害の歴史に触れようとすると、「反日的である」「国益に反する」という批判がすぐに上がる。国益ってなんだろう。加害の歴史を直視できない国と世界から見られることこそ、不利益をもたらす。

【解説】日韓両国の一部の意見を根拠にして、韓国の世論は多様で日本の世論は画一的と断じる『サンデーモーニング』です。これらは先述したように、極端な事例を一般化する虚偽の概括《がいかつ》であり、沈黙の螺旋を形成して正当な韓国批判を無力化するものです。事実、

『サンデーモーニング』のように、自国を一方的に批判するテレビ番組は韓国にはありません（笑）。

〈八月二十五日　GSOMIA破棄　揺らぐ日米韓〉

アナ：なぜ、GSOMIAの破棄に踏み切ったのでしょうか。韓国が問題視したのは、光復節の演説に対する日本の対応だと言います。今回、文大統領は、一部抑制した形で対話を呼びかけました。

寺島氏：我々がしなくてはならないのは、将来世代に日韓のコミュニケーションのパイプを太くしていく努力だ。日中韓の単位互換協定に、韓国側が向き合おうとしてきている。

田中氏：韓国は中国の後ろ盾で南北統一を考えている。南北国民の意志を統一するには、日本を利用するのが手っ取り早い。そのプログラムに入っているとすると、このやり方は納得できる。

辺氏：国民は政府・政権とは違う。これ以上、両政府が暴走しないよう歯止めをかけていくのが大事だ。

松原氏：両国が強い言葉をお互い言って、国内向けと言ってもいいかもしれない。それをメディアが報じ、時に煽り、それを国民が支持するという悪循環に陥っている。

【解説】ＧＳＯＭＩＡを破棄するのは、日本政府が韓国大統領の呼びかけに答えなかったからとする韓国の常軌を逸した主張を、番組はプロパガンダしています。寺島氏が大学の単位互換協定を主張するのはこれで四回目、もう誰も止められません（笑）。田中氏は赤化統一を夢見ています。

辺真一氏と松原氏は、両政府が暴走して国民を煽動《せんどう》しているかのようにミスリードしています。暴走して国民を煽動しているのは韓国政府だけです。

引用することが問題？

〈九月一日　混迷する日韓　文氏側近に疑惑浮上〉

青木氏：韓国のＧＳＯＭＩＡ破棄は、たしかにスキャンダル隠しという現地報道もある。でも、日本の輸出規制もいつやったかといえば参院選公示前だ。だから両方とも政権が政治利用している。

ここにきて、観光にも傷が出てきている。対立は両方にとって一つもいいところがなく、唯一あるとすれば互いに一泡食わせてスッキリしたというカタルシスだ。そんなことのために、これ以上対立を続けていいのか。

気になるのは、韓国ではこれまで反日一色だったのが、韓国のほうが世論が多様化している。ところが日本はどうかというと、韓国批判一色どころか、この局も含めて、テレビで乱暴な「韓国だったら何言ってもいい」みたいな人たちがたくさん出てきている。

【解説】今回の日韓対立で、日本の誰がカタルシスを得るような行動をしているというのでしょうか。相手国に次々と嫌がらせを行ってカタルシスを得ているのは韓国だけです。またここでも青木氏は、一部メディアによるヘイト認定事案を根拠にして、日本社会全体を傲慢に批判しています。

〈九月八日　炎上商法とメディア〉

アナ：『週刊ポスト』は韓国の医学界のリポートを根拠に、韓国成人の半分以上が憤怒《ふんぬ》調節に困難を感じており、十人に一人は治療が必要といった記事を掲載したのです。過去の過ちから学んだはずのメディア。しかし、いまその教訓が薄れ、炎上商法的な姿勢が垣間見《かいまみ》られます。憎悪や差別を煽る意見や出来事が目につくいま、あらためてメディアの姿勢が問われています。

谷口氏：「悪口でも何でも言ったら売れんねん。だから悪口言うねん」というのって、「本音がええ」と言い出したら「本音は悪口と憎悪表現しかないのか」という話になる。最近は「悪口を言う人がいい人。本音を語るいい人」という風潮がある。

【解説】番組は、『週刊ポスト』が韓国医学界の学術リポートを引用した行為を問題視しています。引用が問題であれば、科学論文など執筆できなくなります（笑）。朝鮮日報の記事を引用して報じたことで、韓国の検察から名誉毀損で起訴された産経新聞の加藤達也氏のケースと同様の不合理な言いがかりに過ぎません。

また、谷口氏が言うような「悪口を言う人がいい人」という風潮など日本にはありません。もしもそんな風潮があれば、毎回番組で他人に悪口を言い続けている谷口氏は、国民の最高の人気者になっているはずです（笑）。

言論の自由を奪うなら、客観的根拠を示せ

いずれにしても、『サンデーモーニング』が韓国を批判する言論を根拠なく嫌韓認定する

のは、言論の自由に対する挑戦です。少なくとも本稿は、根拠を示さずに日本社会全体を「嫌韓」と中傷する『サンデーモーニング』とは異なり、客観的な根拠を示して韓国政府と韓国社会を論理的に批判しています。

以上のような一連の言説からわかるように、今回の日韓対立の報道を通して、『サンデーモーニング』は一貫して日本批判を繰り返しました。そこには多様な論調はなく、番組制作者とコメンテーターが個人的確信に基づいて、画一的に「日本が悪い」という結論を無理矢理導いたと言えます。

加えて、日本を嫌韓の国と認定することで韓国批判を悪魔化し、無力化していることがわかります。これは、第四の権力であるマスメディアが沈黙の螺旋を形成して、日本国民から韓国を批判する言論の自由を奪う危険な迫害行為に他なりません。

恥知らずな後出しジャンケン

さて『サンデーモーニング』のコロナ報道にも多くの問題報道が認められました。そのなかで特徴的なのが、後出しジャンケンによる日本政府に対する非難です。

水野真裕美アナ：専門家（岡田晴恵氏）も現段階では慌てたり恐がったりしすぎる必要はないとしますが、今後ヒトからヒトへの感染には注意が必要と指摘します。

元村有希子氏：今回の新型肺炎は正しく怖がるべきだ。いまのところ二人しか死んでいない。そこまで心配する必要がない。（以上、一月十九日）

元村氏：冷静に病像《びょうぞう》をとらえるのが大切だ。（二月二日）

【解説】番組は当初、新型コロナに対して正しく怖がるべきであるというスタンスでした。それが、クルーズ船の感染で日本社会の危機意識が高まると、政府の対応が「後手後手」であると非難を始めたのです。

橋谷能理子アナ：浮かび上がってきたのは、後手に回った政府の対応です。一月十八日にはヒトからヒトへの感染が拡がっていた状況。しかし政府が水際《みずぎわ》対策を強化する方針を明らかにしたのは、三日後の二十一日だったのです。（二月十六日）

【解説】中国がコロナウイルスのヒトヒト感染を認めたのは一月二十日です。サンモニも一月十九日の放送では、「現段階では慌てたり恐がったりしすぎる必要はない」「そこまで心配する必要がない」と言っていました。それがいきなり、一月二十一日の水際対策強化の方針を後手に回ったとして非難したのです。恥知らずの後出しジャンケンとしか言いようがありません。極めて卑劣《ひれつ》なのは、後手に回ることを非難する一方で、先手を打つことも非難する点です。

橋谷アナ：木曜日、安倍総理が突然、全国すべての小中高・特支学校に対し、臨時休校を要請したのです。この要請が大きな混乱を招いたのです。（三月一日）

【解説】休校という先手の対応に対しては「混乱を招く」と非難する番組ですが、元村氏の後出しジャンケンはそんな混乱などものともしません。

元村氏：政治的決断を矢継ぎ早に総理はやっているが、私から見たらタイミングが一カ月遅かった。二月一日の段階で入国制限や休校をすべきだった。（三月八日）

【解説】それなら二月二日に「冷静に病像をとらえるのが大切だ」とか言っている場合ではなかったと思います（笑）。さらに元村氏の後出しジャンケンは続きます。

元村氏：最初はウイルスを甘く見る人も多かった。けれども、広がり方が世界に大変な影響を及ぼしている意味では、本当に厄介で狡猾《こうかつ》で手強《てごわ》い。（四月十二日）

【解説】最初にウイルスを甘く見ていた人というのは、「いまのところ二人しか死んでいない。そこまで心配する必要がない」とコメントしていた元村氏に他なりません（笑）。このような無責任コメントは、視聴者を騙す極めて卑劣な行為です。

度を越した中国擁護

『サンデーモーニング』のコロナ報道では、コロナウイルスの存在を隠蔽《いんぺい》して全世界に感染を広げることで、世界の善良なる人々の生命を犠牲にした中国に対する擁護も度を越していました。

橋谷アナ：日本は一週間で二百人以上増え、一千百五十七人となりました。中国を見ると、この一カ月で感染者が三倍です。日本では四十倍。（三月八日）

橋谷アナ：中国の感染者は増加が収まりつつあり、一週間で新しい感染者は二百人を切りました。湖北省で三日連続ゼロ。日本は三百人以上増加で、クルーズ船を除いても一千人を超えました。イタリアでは死者が四千八百二十五人で、中国を超えました。（三月二十二日）

【解説】 世界では、日本の感染者数から除外されているクルーズ船の感染者数を日本の感染者数に含めて大量に水増しするなどして日本の感染状況を重く見せた一方で、中国の感染状況を軽く見せるトリッキーな報道が毎週続きました。圧巻だったのは、武漢で感染が終息したと伝える中国共産党のプロパガンダ映像を無批判に明るく紹介したことです。

橋谷アナ：マスクをとって笑顔を見せる医師や看護師たち。武漢では患者が減少したとして臨時病院を閉鎖。習近平主席が医療関係者を激励に訪れ、感染が終息に向かっていることをアピールしました。（三月十五日）

【解説】習近平の白々しい自己アピールを美化して伝えるこの報道は、朝鮮中央テレビによる金正恩礼賛《キムジョンウンらいさん》報道と大差ありません。その一方で、番組は、コロナウイルスを隠蔽した中国を批判する米国を悪魔化しました。

橋谷アナ：中国は新たな感染者が減っていましたが、ついに……。湖北省で感染症が出なかったと発表した中国を、翌日、トランプ大統領は中国ウイルスという言葉を使い非難したのです。これに対して、中国は中傷や責任転嫁をやめるよう求めました。

関口氏：罵《のの》り合ってたって解決しない。

橋谷アナ：そうですよね〜。

関口氏：なんか見苦しいな。（以上、三月二十二日）

【解説】番組では、中国共産党の自己保身のための情報隠蔽に対する米国の正当な「批判」を「罵り」と表現してトランプ大統領を「非難」する一方で、情報隠蔽により世界の善良なる人々の生命を犠牲にした中国共産党の責任を全く追及しませんでした。それどころか、中国共産党の発表する数字を根拠なく肯定しました。

橋谷アナ：習近平主席、蔓延《まんえん》と拡散の勢いは抑えられていると主張しています。

関口宏氏：岡田さん、中国の数字は信用していいんですね。

岡田晴恵氏：強力な体制の政策の効果だと思います。

関口宏氏：我々は信じてもいい。（以上、三月二十二日）

【解説】ここまで来ると、もはや『サンデーモーニング』は中国共産党のプロパガンダ番組と言っても過言ではないと考えます。

いずれにしてもこの番組は、客観的な根拠に基づく報道・情報番組とはかけ離れており、番組制作者とコメンテーターの確信に基づく大喜利番組と理解するのが妥当です。

8．金平茂紀氏主宰の偏向報道特集
TBS『報道特集』

警察を悪魔化する報道

ＴＢＳテレビ『報道特集』は、時宜《じぎ》を得た政治的・社会的テーマを選定して特集報道をする番組です。特に、社会問題に関する特集には秀逸なレポートも少なくなく、・ＪＮＮ系列地方局記者が、真の社会的弱者に寄り添いながら深い取材に基づいてスポットライトの当たりにくい問題の所在を地道に明らかにする特集報道・危険を伴う取材で、中東などの不安定地域の過酷な状況の断片を伝える戦地報道・ＴＢＳ災害担当解説委員の福島隆史氏が、プロフェッショナルな視点から的確な注意喚起をリアルタイムに行う災害報道等は、重大な社会的意義を含んでいると考えます。

その一方で、政治問題に関する特集には極めて一方的な視点に立った不公正な報道も少なくありません。番組のメインキャスターである金平茂紀《かねひらしげのり》氏、日下部正樹《くさかべまさき》氏、膳場貴子《ぜんばたかこ》氏の発言の根底には、似非《えせ》ジャーナリズムにありがちな「自身を無謬《むびゅう》と勘違いする」傲慢《ごうまん》な【選民思想 chosen people】があり、常に自分を「弱者の味方」で「権力の敵」という道徳的優位にある立場に置きます。

そして、道徳的に劣る権力は腐敗して、道徳的に勝る弱者を苦しめるという【ルサンチマン ressentiment】を発揮することで、思考停止して論敵を【悪魔化 demonization】し、論敵に抗する人物を【偶像化 idolization】するのです。本章では、当該番組の代表的な政治テーマにかかわる報道をいくつか例に取り、その問題点を指摘したいと考えます。

『報道特集』では、沖縄の米軍基地にかかわる事案を頻繁に特集しています。覇権国である中国と地理的に近い沖縄は日本の防衛の最前線にあり、実際に尖閣諸島周辺では、中国公船等が継続的に領海に侵入、安全保障上の問題が発生しています。

このような状況において、「日本およびその施政下にある全ての領域の安全保障と、この非常に重要な同盟関係の強化に取り組む」と宣言する米国に基地を提供して協力を求めることは、沖縄をはじめとする日本の安全保障上不可欠な措置であると考えられます。

政府はこの前提の下で、周辺の危険が指摘されている普天間《ふてんま》飛行場の辺野古《へのこ》移設や沖縄最大の軍事演習場である北部訓練場の返還など、沖縄県民が望む「基地削減」を念頭に置いた総合政策を、民主的な手続きを通して進めてきました。

しかしながら、基地反対活動家は、基地周辺の土地を不法占拠するなど法律を逸脱した行為を犯しながら、強硬にこれらの政策に反対しています。『報道特集』はこのような反対活動家を偶像化する一方で、極めて抑制的に不法行為を取り締まる警察を悪魔化する報道を続けています。

反対派の悪辣行為を知らんぷり

二〇一五年二月二十八日の放送では、辺野古のゲート前で反対活動を指揮する山城博治《やましろひろじ》氏が、米軍敷地内に不法に侵入して勾留《こうりゅう》された事案について、次のように言及しています。

TBSアナ：辺野古反対派の翁長《おなが》知事が誕生したり、民意は示されている。その民意が政府に伝わらないどころか、強硬な姿勢になっている。

金平茂紀氏：政府の対応は聞く耳を持たない。キャンプシュワブの前の黄色い線（境界線）というのは、我々報道陣も含めて関係者は自由に内側に入ったり、割とやっていた。

【解説】当初、山城氏は「境界線を越えていない」と主張しましたが、実際には拘束前に意図的に境界線を越えて米軍警備員を挑発していたことが映像で判明しています。つまり、番組はこのような山城氏の嘘に一切触れることなく、翁長県知事が誕生したという事案とは無関係な事実を根拠にして、米軍に対する山城氏の違法行為を擁護したのです。ちなみに、このような挑発行為を神奈川県の横須賀基地で行ったら、すぐに拘束されることは自明です。
二〇一六年八月六日の放送では、北部訓練場の返還に伴う高江《たかえ》地区におけるヘリパッドの移転に際して、不法占拠をしている反対活動家を強制排除する機動隊を悪意たっぷりに批判しました。
金平氏：政府がヘリパッド建設反対運動に、警察力による強制排除に乗り出し、現場で大きな混乱が生じている。住民側にけが人が出て、過剰警備という声もたくさん聞かれる。
日下部正樹氏：国のやり方はますます高圧的で、強硬になっている。
金平氏：「国の言うことを聞く側には金を出すぞ」「言うこと聞かない場合は削るぞ」というアメとムチの使い分けだ。イジメの構図を見ているようだ、という声もたくさん聞かれる。
イジメの構図とは、イジメる側とイジメを受けている側の問題ではなく、それを知らんぷりをして見て見ぬふりをしている傍観者がそういうイジメの構造を支えていることを考えると、本土に住む人間の他人事《ひとごと》感あるいは無関心がいま問われている。
【解説】実はこの放送の前日、山城氏を中心とする反対活動家の集団が、違法テント撤去の通告に訪れた沖縄防衛局職員を羽交《はが》い絞《じ》めにして拘束するという、イジメを通り越した極めて悪質なリンチ事件が発生していました。番組はこのような暴力集団の悪辣《あくらつ》な行為を一切知らんぷりして、機動隊の法的な執行のみを悪魔化して報じたのです。

都合のいいことのみ報じる

二〇一六年十月二十二日の放送では、機動隊員が反対派に対して「土人」と発言したことに対し、番組はヒステリックに批判しました。

膳場貴子氏：機動隊のヘイトのような差別的発言は本当にショッキングだった。ひどい。

金平氏：地元の新聞は「根深い差別意識。植民地意識。そのことに無頓着な政治の土壌が露呈した」と言っている。その意味で今回の暴言は、沖縄に対する本土の一部に蔓延《まんえん》している歪《ゆが》んだ姿勢を象徴している。

【解説】「土人」発言は暴言に他なりませんが、その一方で、反対活動家による無抵抗の機動隊員に対する常軌《じょうき》を逸《いっ》した殴打行為や「八つ裂きにする」などと機動隊員の家族の安全を脅《おびや》かすことを予告する執拗《しつよう》な脅迫については、番組は一切放送しません。

またこの頃には、周辺道路において私的検問という日本の法治を脅かす行為を反対活動家が行っていましたが、番組はこれについても一切スルーです。自らの論調に都合のよいことのみを報じる【チェリー・ピッキング cherry picking】が極まった恐ろしい歪曲《わいきょく》が行われています。

やりたい放題の報道は止まるところを知りません。二〇一八年八月十八日の放送では、翁長知事の逝去に伴って、耳を疑う発言がありました。

金平氏：沖縄在住の作家が、「知事の直接の死因は病だが、ここに至った心労の深さを思うと、追いつめた政権の側の強硬姿勢に原因がある」と言っていた。私も同感だ。

【解説】客観的な根拠もなく、政権を殺人者のように認定したこの発言は、事実を客観的かつ正確・公平に取り扱う報道番組の要件を著《いちじる》しく損なうばかりか、当事者の人権をも著しく損なうものです。

沖縄県知事選の候補が揃った二〇一八年九月一日の放送では、故翁長氏を偶像化したうえで、「本土は沖縄をイジメる」「沖縄＝玉城《たまき》氏＝翁長氏の遺志を継ぐ」「本土＝佐喜眞《さきま》氏＝翁長氏の遺志を変質させる」という極めて短絡的な構図を設定して、視聴者をミスリードしました。

金平氏：玉城氏は辺野古の新基地反対を政策の柱に据《す》えて明確に主張しているが、それに対して佐喜眞氏のほうは普天間基地の移設は言うが、どこにとは一切言わない。争点ぼかしという声が一部の有権者から聞かれる。本土と沖縄の間にはイジメの構図があって、本土が押し付ける理不尽に対して抗《あらが》う人もいれば、なんか妥協する人もいる。翁長氏の遺志が継がれるのか、変質するのか。

【解説】金平氏は、玉城氏が辺野古の反対を言うだけで、普天間基地の危険除去に関する実現可能な政策を言わないことには一切触れません。そもそも沖縄県の選挙において、一方の候補を「沖縄の味方」、一方の候補を「沖縄の敵である本土の味方」とするようなレッテル貼りを行うテレビ報道は極めて危険であると考えます。ジャーナリズムが聞いて呆れます。

安保法制＝扇動報道特集

二〇一五年の安保法制の議論に関して、『報道特集』は終始反対の論調で報道を行いました。

報道の手法は、何週にもわたって反対者のみの言い分を徹底的に紹介するチェリー・ピッキングであり、具体的には自民党・元国防族のドン（山崎拓《やまさきたく》氏）、自衛隊ＯＢ、真宗大《しんしゅうおお》谷《たに》派、憲法学者、総理経験者など政界の重鎮（河野洋平氏・村山富市氏）、女性たち、音楽評論家、現役自衛官、瀬戸内寂聴《せとうちじゃくちょう》氏、元内閣法制局長官、学生グループ、元ゼロ戦パイロット、自民党議員（村上誠一郎議員）、高校生といった面々が、本質的な理由をほとんど述べることなく、延々と反対を叫びました。

一般に日本人は、支持者が多い言説を無批判に肯定する【情勢に訴える論証 appeal to the bandwagon】に対して抵抗力がないことが世界的にも知られていますが、番組はまさにこの点を突き、「みんなが反対している」かのように情報操作することで視聴者を扇動したと言えます。

加えて、国会前で行われているデモを美化してデモ参加者を絶賛しました。二〇一五年七月十一日の放送で、金平氏は次のように語っています。

金平氏：シールズ（ＳＥＡＬＤｓ）という若い人たちの抗議活動は、何か物凄い、いままでとは異質の高いテンションのエネルギーを感じて、言葉の選び方とか、国会のなかで聞かれる言葉とか、いままでの古い社会運動の言葉とは違ってて、クールというかダサくないというか、何というか、センスがいい。「国民ナメんな」とか「自民なんだか感じ悪いよね」とかリズム感があって。だから皆楽しんでいる感じがして、新しいカルチャーを感じた。

【解説】これは争点の内容とは関係なく、理想的で英雄的な創作イメージを情報受信者に提供して自説に導く【人格崇拝 cult of personality】と呼ばれる扇動手法です。

そして何よりも驚かされたのが、報道機関のミッションを逸脱して、シールズと村山元首相のデモでのコラボレーションを実現させた二〇一五年七月十八日の「91歳元首相、学生と国会前へ」という特集でした。特集では、次のようなVTRが流れました。

金平氏：村山さん自身も、いざとなったら国会前に行きますか。

村山氏：行きますよ。命がけだ。

ナレーター：この言葉を聞いたシールズの中心メンバーの奥田愛基《おくだあき》さんが、村山元総理を訪ねた。

【解説】このVTRから、『報道特集』が村山氏と奥田氏を連携させた首謀者であることがわかります。この行動はもはや報道ではなく、テレビ番組を利用した政治運動に他なりません。

TBSアナ：戦争経験者である村山さんの言葉は、本当に説得力があります。若者たちと声を上げるこの姿は、本当にエネルギッシュですね。

金平氏：九十一歳の村山氏と二十代のシールズの若者たちが一緒にスウィングしていた。そのシンクロしている様子が何とも興味深いというか、熱いというか。村山氏は、ずっとラップ調のコール「戦争法案反対」のリズムに合わせて足を動かしていた（笑）。

【解説】金平氏は法案反対者を笑顔で偶像化する一方で、法案賛成者に対してはことごとく不機嫌な態度で悪魔化しました。このような扇動も虚《むな》しく、最終的に安保法制は成立しましたが、シールズ礼賛《らいさん》は止まることを知りませんでした。

金平氏：法案成立直後にシールズの奥田さんが、「賛成議員を落選させよう」「選挙に行こうよ」と明るく訴えていた。非常に力を感じた。主権在民、主権は国民にあるという言葉の重みを改めて噛みしめたい。（二〇一五年九月十九日）

【解説】金平氏は完全に特定の活動家と一体化し、その特定の考え方を主権者の民意であると勘違いしています。国民に負託《ふたく》を受けたわけでもないマスメディアが、このような勘違いによって対外強硬論を煽《あお》ったのが、まさに開戦時の状況であったと言えます。ジャーナリズムが聞いて呆れます。

手のひら返しの人物評価

モリカケ事案の報道において、『報道特集』では、証拠能力のない印象発言を乱発する森友学園元理事長の籠池泰典《かごいけやすのり》氏と元文科相事務次官の前川喜平《きへい》氏を事あるごとに番組に出演させ、政権に対してひたすら悪印象を与えました。

そもそも番組は当初、籠池氏と前川氏に対して、

日下部氏：一部の大人が理想としている国家観とか思想・信条を、判断力も理解力もない小さい子供たちに丸暗記させて言わせる。理解を超えている。以前、北朝鮮で幼稚園の取材を行った時に、まさに同じような気分になった。（二〇一七年三月四日）

金平氏：幹部職員の天下りを斡旋《あっせん》していたような文科省が、子供たちに道徳を説くような資格があるのか。（四月八日）

【解説】といった具合に、その人格をヒステリックに批判していました。ところが、二人が政権批判に利用できると見ると、番組の評価は一変。

金平氏：一対一で籠池氏に会うのは初めてだった。あったことをなかったことにできないということに、ある種の説得力がある。そういうものがあったと感じた。（三月二十五日）

膳場氏：文科省前事務次官の前川氏、相当な覚悟でインタビューに応じたと感じた。（六月三日）

金平氏：腹をくくってしゃべっている感じだった。前川氏が出会い系バーに通っていたという、加計《かけ》学園問題とは全く関係のない出来事が読売新聞で報じられた。この問題は、情

報戦の側面が色濃くあるように思う。（六月三日）

金平氏：文科省のOBを通じて、辞任した前川事務次官の行動についてどう思うか訊いてもらったら、八人全員が『前川氏の言っていることは正しい』ということだった。一〇〇％支持できるという人が八人のうち二人いて、残りの人は在職の時に言ってほしかったと言っていた。これが印象的だった。（六月十日）

【解説】など根拠薄弱に二人の人格を肯定し、証言の信憑性《しんぴょうせい》を強調しました。番組とこの二人との緊張感はもはや皆無であり、印象に基づく一方的な政権批判を番組は無批判に垂れ流したと言えます。

根拠なき印象発言

モリカケ問題については、メインキャスター自身による印象発言も多く飛び出しました。

膳場氏：特区を選ぶ諮問《しもん》会議有識者議員の竹中平蔵氏は、繰り返し何度も『個人的な関係は選考に影響がなかった』と強調したが、そういわれても半世紀ぶりの規制緩和で総理の親しい友人が選ばれたとなったら、不公平に感じてしまう人は多いのではないか。（六月

三日）

日下部氏：慎重に行動して誤った印象を与えなければ、安倍総理が最近連発している印象操作も行われない。（六月三日）

金平氏：安倍総理がいま、議場をあとにした。衆参閉会中審査でも、結論から言うと、疑惑はかえって深まったという印象を受けた。（七月二十九日）

【解説】といった印象発言には、何の客観的根拠もありません。

さて、そんな印象報道のなかでも極めて稚拙《ちせつ》だったのが、二〇一七年七月二十九日の特集です。

日下部氏は、安倍首相と加計理事長が前年に食事をした山梨県富士山麓《さんろく》の焼き肉店を取材し、「どこの部屋で会食したか」「何を食べたか」「ビールを何杯飲んだか」など、プライヴェートな様子を根掘り葉掘り店員から聞き出し、テレビで暴露しました。圧巻は次のやり取りです。

日下部氏：支払いはどういう形で払われたんですか。

店員：安倍さん個人のカードですね。○○○カードで、ゴールドですね。

【解説】テロ等準備罪での個人情報の捜査や、ＧＰＳ捜査を際限のない監視の拡大と評してヒステリックに批判する『報道特集』が、安倍首相と加計理事長をあたかも共謀関係がある犯罪集団とみなすことで、その会食についてまるで特高《とっこう》警察ばりに治安維持法に基づくような内偵を行い、挙句の果てに、報道価値の全くない安倍首相の個人情報をテレビで晒《さら》し、プライヴァシーを侵害したのです。

言っていることとやっていることが正反対とは、まさにこのことです。そもそも電話でも謀議ができる今日において、飲食店などのパブリック・スペースにわざわざ出かけて行って謀議を行うことに合理性はなく、印象操作も甚《はなは》だしいと言えます。ジャーナリズムが聞いて呆れます。

選挙＝誘導報道特集

土曜日の夕方に放映枠をもつ『報道特集』は、翌日曜日に行われる選挙において、番組の論調と合致《がっち》する候補への投票を誘導するような発言がしばしば聞かれます。いくつか例を紹介します。

▽二〇一六年七月九日（参院選前日）

TBS政治部岩田記者：選挙戦のなかで気になる発言があった。渋谷駅前で街頭演説をする安倍総理に批判的なプラカードを掲げる人のほうを向いて総理は、「この選挙を妨害して恥ずかしいと皆さん思わないのですか」と言った。自民党の総裁であると同時に、総理としては様々な考えの国民の気持ちを思いやって慎重に政権運営をしていくと安心させられるような姿勢を見せることも大切だった。

【解説】岩田記者は、「帰れ」コールをして選挙演説を妨害するグループに対して注意をした安倍首相を批判しました。選挙妨害は民主主義に対する明確な挑戦行為であり、その気持ちを総理が思いやる必要などまったくありません。言語道断の不規則発言です。

▽七月三十日（都知事選前日）

金平氏：東京都知事という東京の顔は日本の顔にもなるわけで、あえて公約で言っていない憲法観・安全保障・原発・教育観・格差とか弱者に対する姿勢を考えて、過去にどんなことを言ってきたのかを見極めながら候補者を選んでほしい。

【解説】この発言は事実上、精緻《せいち》な公約を持たずに、ひたすら憲法観・安全保障・原発・

教育観・格差を一人訴えていた鳥越俊太郎候補を選んでほしいと呼びかけているものと考えられます。候補者名を明示することなしに、属性で候補者を特定させて投票に誘導する行為は極めて悪質です。

▽二〇一七年十月二十一日（衆院選前日）

日下部氏：豪雨の被災地で、政治の力が必要な時に選挙が行われる。政治の世界は、被災地の人々の我慢強さとか忍耐強さに甘えている。

金平氏：安倍首相が国難突破解散と言ったが、翁長知事は「沖縄県こそがいま、国難に遭っているんだ」と言っていた。

【解説】小池都知事をとりまく選挙目当ての民進党の分裂が国民に見透《みす》かされ、野党の敗北が予測されているなか、番組は恨み節を口にしながら政権の悪魔化を続けました。

地元を疲弊させる沖縄報道

▽二〇一八年二月三日（名護市長選前日）

琉球放送記者：辺野古移設に反対する現職の稲嶺《いなみね》氏に対し、新人の渡具知《とぐち》氏は辺野古の是非を言わない戦略を徹底している。辺野古をぼかすことで、公明党から推薦を取り付けた。現在、自公が一緒になって企業や業界団体への働きかけを相当やっている。

金平氏：政府と沖縄県の代理戦争と言っても、資金力や動員力で圧倒的な力を誇る政府与党側と現職側とでは歴然とした差がある。県民の声がなかなか届かない構図に、名護市民ばかりか県民はかなり疲弊している。問われているのは名護市民だけではなく、日本国民全体だ。

【解説】名護市の九〇％以上の住民は、沖縄東海岸に位置する辺野古基地とは十㎞の幅を持つ中央の山野で完全に隔《へだ》てられた沖縄西海岸に住んでいます。したがって、多くの名護市民にとってみれば、辺野古移設は必ずしも当事者として生活に影響を受ける問題ではありません。

ちなみに首都圏で言えば、鎌倉市民が横須賀基地の是非を問われているようなものです。その一方で辺野古の住民は、基本的に辺野古移設を容認しています。

このような状況のなかで「政府と沖縄県の代理戦争」となる構図を造り、沖縄県民と名護市民をこの問題に巻き込んで分断・疲弊させてきたのは、沖縄報道で商売をするマスメディアと、沖縄とは必ずしも関係しない基地反対勢力に他なりません。

▽九月二十九日（沖縄県知事選前日）

金平氏：佐喜眞陣営は組織力・宣伝力・物量で玉城陣営を圧倒していた。プロの選挙戦を見せつけられた。一方の玉城陣営はあくまでも草の根の力に頼るというか、「象と蟻《あり》」という言い方もしていたが、両陣営の戦い方の違いを見ていると、まるで本土政府と沖縄県の現在の関係の相似形というか似姿《にすがた》が見えた。

【解説】番組は、まるで勧善懲悪《かんぜんちょうあく》の時代劇のようなシチュエーションを演出し、沖縄県民のルサンチマンを強く刺激しました。実際には、テレビと新聞メディアを味方に付けている玉城陣営は空中戦を完全に制しているため、佐喜眞陣営がいくら街頭で呼びかけても勝負にはなりません。

この選挙は、「蟻を装ったステルス戦闘機」が「象」を爆撃したようなものだったのです。

ちなみに、この選挙結果を報じた十月六日の放送では、出演者の笑みが溢《あふ》れていました。

金平氏：正直言うと私は（笑）、全く別の結果を予想してたんで（笑）、本当にダメだと思うが（笑）。

【解説】ジャーナリズムが聞いて呆れます。

人格攻撃のエクスパート

さて、コロナ禍における『報道特集』の報道がどうであったかと言えば、やはり金平氏による安倍首相への【人格攻撃 ad hominem】が繰り返されました。

二〇二〇年二月二九日の放送では、安倍首相が全国小中高校の一斉休校を要請したことに対して、視聴者に次のように語りかけました。

金平氏：安倍首相が唐突にコロナウイルス対策として全国の小中高校の一斉休校を要請しました。戦後七十五年の歴史で初めてのことです。このあと、安倍首相の記者会見があります。国民は国家の奴隷ではないので、首相の説明が納得できるかどうかをしっかり判断しましょう。

【解説】民主主義の手続きによって内閣総理大臣の職を務めている安倍首相が、国民の安全のために休校を「要請」したことに対して、金平氏は「国民は国家の奴隷ではない」と首相に対する憎しみを喚起させるような言葉を視聴者に投げかけました。仮に安倍首相が国民を奴隷と考えているのであれば、国民に要請などせずに強制的に学校を休校にするはずです。非論理的な金平氏の言葉は、明らかにテレビを利用した倒閣運動であり、緊急時に国民を混乱させて分断させるものに他なりません。コロナで暴走したのは、政治ではなくマスメディアであったことを国民はしっかりと認識すべきです。

三月二十一日の放送では、森友問題を絡《から》めて人格攻撃をエスカレートさせました。

金平氏：森友事件に絡んで自殺した近畿財務局の職員の悲痛な遺書を『週刊文春』が報じ、衝撃が拡がっています。ところが政府は「再調査しない」と冷ややかな反応です。人の命を何だと思っているのでしょうか。これらの人々が、人の命を守るためのコロナウイルス対策に携《たずさ》わっているのが私たちの国の現実です。

【解説】それぞれの事案にはステイクホルダーそれぞれの言い分があります。それを金平氏個人の価値観を根拠に裁き、特定のステイクホルダーの人格を罵倒《ばとう》し、その人格を根拠に別の案件における行動を否定するというのは甚《はなは》だしい【論点相違 non sequitur】に他なりません。この論点相違は翌週の放送にも続きます。金平氏は、三月二十八日の安倍首相による新型コロナウイルスの感染拡大状況に関する会見を途中退席し、テレビに向かって次のように語りました。

金平氏：（会見で）幹事社の方から森友事件に絡んだ自殺者の遺書問題について質問が出て、要するに再調査しないというこれまでの姿勢を崩していないということだったんですけれども、私がこういうことをすぐ出て来て言うのは、「コロナウイルス拡大の折に昔のことを蒸し返すようなことをするな」と考えておられるような方がテレビをご覧の方々のなかにいたとしたら、私はそれは大間違いだと思いますね。こういうかつてないようなコロナ対策を打ち出す時に国のリーダーを国民が信じられるかどうか、信用と信頼の問題というのは非常に大事な問題だと思います。そういう意味からすると、再調査を行わないという姿勢については、信頼性との関係でどうなのかということを肝《きも》に銘じるべきだと思います。

［解説］金平氏は、新型コロナウイルスの感染拡大状況に関して設定された会見において出された論点相違の質問を正当化して、それに対する異論を否定しました。記者個人の価値観で首相の人格を否定したうえで【対人論証 argumentum ad hominem】を視聴者に強要するようなテレビ放送は、異論を認めなかった戦前のマスメディアを彷彿《ほうふつ》させるものです。これは第四の権力の暴走に他なりません。

金平氏は、四月十一日の放送においても、個人の意見をゴリ押ししました。

金平氏：緊急事態宣言以降、初の週末、街は本当に閑散としています。政府自治体は、休業や自粛によって苦しんでいる人々を助けるためにできる限りのことをするべきです。事は命にかかわります。何を一体ケチっているのでしょうか。国庫にあるお金はもともと私たちの税金です。

【解説】国庫にあるお金はもともと私たちの税金ですが、その税金の使い道を決めるのは、「私たちの一人」に過ぎない金平氏ではありません。日本は間接民主主義国であり、私たちが選んだ代表者が説明責任を果たしたうえで決めるルールになっています。金平氏の最も大きな勘違いは、記者が無謬《むびゅう》であることを前提としている点です。

金平氏は、四月十八日の放送においては、再び安倍首相の人格を暗に攻撃しました。

金平氏：星野源《げん》さんの「うちで踊ろう」という歌とともに、安倍首相は自宅で優雅にくつろぐ様子を動画にアップしました。小さなことに思われるかもしれませんが、リーダーへの信頼感という点では実は大きな出来事です。人の心に響く信頼感とは一体何でしょうか。いまがそれを考える時だと思います。

【解説】金平氏が皮肉たっぷりに語るなか、この動画には、金平氏のような反対意見も多くあると同時に賛成意見も多くあり、この動画を紹介した安倍首相のツイートには四十万件もの「いいね」がつけられています。このように賛否両論ある事案を一方的にネガティヴに語ることはジャーナリズムではなく、テレビを利用した政治運動に他なりません。

ちなみに、安倍首相は、国民にお願いするために、自宅で優雅にくつろいだ様子を撮影したのであって、実際には一月下旬以降、五カ月間も休みなしでコロナ対策に尽力しました。このような過酷な用務の合間に家で優雅にくつろいだ動画を公開して、国民から誤解された最高に不器用な安倍総理には信頼感を持つ人も多いと推察します。

さらにこの日の放送では、会見でプロンプターを使う安倍首相を誹謗《ひぼう》しています。

金平氏：安倍首相に申し上げておきたいのは、こんな危機の時くらいプロンプター、いわゆるカンニングペーパーみたいな機械を使わないで、記者にちゃんと向き合って自分の言葉でちゃんと話してはいかがかなということですね。学芸会じゃないんですからね。

【解説】政治家が会見でプロンプターを使うのは、民主的に得られた決定事項を国民に正確に伝えるためです。特に危機の時こそ、より正確な発言が必要とされます。そもそも、政治家は政策を作ることが仕事であり、政策を丸暗記して発表することは仕事ではありません。当然のことながら、首相はアナウンサーでも俳優でもありません。また、首相は会見で国民に向かって話しているのであり、国民の代表でもない記者に向かって話しているのではありません。

いずれにしても、金平氏のような特定の政治思想を持つと同時に勘違いも甚だしい誤謬に満ちた人物が、国民の電波を使って個人の主張を自由にプロパガンダできる現在のテレビメディアの番組制作システムは、民主主義社会にとって極めて危険です。

各種政治事案において『報道特集』は、全ての対立軸を「強者＝悪」「弱者＝善」というルサンチマンの構図に無理に当てはめて、「歪曲報道」「扇動報道」「印象報道」「誘導報道」を続けています。

「強者」に当てはめた側を恣意的《しいてき》に悪魔化する一方で、「弱者」に当てはめた側を恣意的に偶像化するワンパターンの特集報道は、もはや『偏向報道特集』と呼ぶに相応《ふさわ》しいと考えます。

9.偏向報道のパイオニア

TBS『news23』

吊り橋効果の演出

日本のテレビ局が一方的に偏《かたよ》った論調の報道を日常的に放映するようになったのは、一九九〇年代からです。一九八九年に放映が始まった『NEWS23』(以下、現在の番組名に合わせ『news23』と記述)は、テレビ放送を使った数々の印象操作手法のパイオニアであり、偏向報道を日本に定着させる原動力となった番組といえます。「この番組のゆくえ」を語るうえで、まずは簡単に現在までの番組の変遷について触れておきたいと思います。

最初にこの番組のメインキャスターを務めたのは、朝日新聞記者・『朝日ジャーナル』編集長・朝日新聞編集委員を歴任した、いわゆる「進歩的文化人」の筑紫哲也《ちくしてつや》氏であり、番組名も筑紫氏の名前が冠されていました。筑紫氏は番組公式ウェブサイトで、「日本で最も信頼が置ける国際派のテレビジャーナリスト」と根拠なく持ち上げられ、番組の論調を完全に支配していました。

番組において、筑紫氏が個人的な言説をあたかも普遍的に通じる倫理規範であるかのように語っていたのが「多事争論」と称するセグメントです。テレビ放送では、放送法によって「政治的に公平であること」「意見が対立している問題についてはできるだけ多くの角度から論点を明らかにすること」が規定されているにもかかわらず、筑紫氏は【レトリカル・クエスチョン rhetorical question】を連発しながら、あからさまな反政府・反米・親中・親北・親韓・過激なパシフィズム等で特徴づけられる自説を一方的に展開しました。

特にテレビ放送として問題があったのは、筑紫氏の話が核心部に入ると筑紫氏の表情をカメラが徐々にズームアップしていくという演出が加えられていたことです。

これは、実際極めて危険な行為であったといえます。人間には関心を持ったものをより強く見つめる習性がありますが、この演出はその習性を強制的に視聴者に体験させるものであり、視聴者は意識しないまま筑紫氏の言説に関心を持たされてしまうことになります。これは人間の【感情 emotion】と【認知 cognition】の関係を錯覚させる【吊り橋効果 suspension bridge effect】と呼ばれる心理効果であり、しばしば心理操作に悪用されています。

報道しない自由の行使

「異論！反論！ＯＢＪＥＣＴＩＯＮ」というセグメントは、特定の政治・社会のアジェンダに対する街角の賛否を紹介するものでしたが、いつもその結果は番組の論調とよく合致《がっち》するものでした。当然のことながら、視聴者は【バンドワゴン効果 bandwagon effect】によって番組の論調へ誘導されることになります。

一般に、街角アンケートの結果は第三者がチェックすることができないので、恣意的《しいてき》に結果を捏造《ねつぞう》することも可能です。また、【ホーソン効果 Hawthorne effect】という心理効果によって、アンケートされる側はアンケートする側の期待に合致した回答を行う傾向があることが知られています。

このような問題点があるため、政治に関する街角アンケートは、いわゆる「情報リテラシー」が高くない視聴者の存在が想定されるテレビ放送ではほぼ使われなくなったと言えます。このような手法が定常的に使われて無批判に番組の論調の根拠に利用されていたことは、極めて危険な状況であったと言えます。

当時の『ｎｅｗｓ23』においては、ニュースの【議題設定 agenda setting】自体が極めて恣意的であることがしばしば指摘され、自らの論調に不都合な話題をスルーする「報道しない自由の行使」は、当時のインターネットでも大きな話題となりました。

「このくにのゆくえ」「コイズミ的を問う」「スローライフ」といったシリーズ企画や「終

戦スペシャル　殺すな」といった特別企画は、特定の勢力のプロパガンダを一方的に紹介するものでした。なお、日本をわざわざ「このくに」と呼んで必要以上に批判するいわゆる自虐報道や、首相をカタカナで「コイズミ」と表現して蔑視する人格攻撃報道のルーツは、この番組にあります。

ネット言論を「トイレの落書」と表現してテレビで蔑視したのも、筑紫氏が最初です。これは、ネット言論の登場により、これまでどおりの大衆操作ができなくなったマスメディアの危機感の表れであったものと考えられます。

いずれにしても、テレビ報道に対する疑義をほとんどの国民が持っていなかった暗黒の時代に、『ｎｅｗｓ23』はぶっちぎりで暴走していたと言えます。

あらゆる詭弁を駆使

現在、『報道ステーション』のコメンテーターを務めている後藤謙次氏が筑紫哲也氏の後任を短く務めたあと、メインキャスターに抜擢《ばってき》されたのが、毎日新聞社特別編集委員の岸《きし》井成格《いしげただ》氏でした。岸井氏の在任期間においては、特定秘密保護法および平和安全法制といった日本の安全保障にかかわる法制度の制定が、国会の重要な争点となっていました。

そんななかで岸井氏は、法制度の内容を議論する【争点型フレーム issue frame】の報道をほとんどすることなく、ありとあらゆる詭弁《きべん》を駆使して法制度の成立を阻止する【戦略型フレーム strategic frame】の報道を展開したのです。以下、例を挙げながら、詭弁の方法論を紹介していきます。

岸井氏は、二〇一四年の衆院選前に番組出演した安倍首相に「安保法制は政権公約である」ことを明確に確認したうえで、「政権を取った政党は政権公約を断行しなければならない」と番組で宣言しました。このとき岸井氏は、安保法制を政権公約とすれば自民党は選挙に敗北すると考えていたものと推察されます。

ところが、衆院選では安保法制を政権公約とする自民党と公明党が大勝利を収めました。その後、政権をとった自民党と公明党は、岸井氏の指示どおりに法案を可決する形で政権公約を断行しました。

すると法案可決後に岸井氏から出た言葉は、「憲法と国民を軽視した数による暴挙」「権力の暴走」「これだけの民意を無視しての強行採決はとても考えられない」「戦後の平和主義と民主主義が本当に危機に瀕している」「日本の民主主義の将来は暗い」「日本の土台を破壊する」といったものでした。岸井氏のこれらの発言は、明らかに論理を逸脱した【形式的誤謬《ごびゅう》 formal fallacy】であると言えます。

根拠もなしに「～としか思えない」と主張する【主観に訴える論証 appeal to subjectivity】や、全知全能の神のように「首相は～しようと考えている」といった【立証不能論証 unprovable argument】を連発して「戦後憲政史上の汚点と言わざるを得ない」という結論を導く論理構造の欠如も極めて杜撰《ずさん》でした。

そもそも岸井氏は、審議中の安保法案に対して、番組を使って反対運動を繰り広げました。反対デモを美化する【感情論証 argumentum ad passiones】、法案賛成者の人格を攻撃する【対人論証 argumentum ad hominem】、学者・著名人の反対を無批判に利用する【権威論証 argumentum ad verecundiam】などの【論点相違 irrelevance】、「安保法制によって歯止めが外されて、いつでもどこへでも自衛隊が武力を行使できるようになる」という偽説を流布《るふ》した【論点歪曲《わいきょく》 the straw man】、「議論が拙速である」「法案を理解できない」「首相のたとえ話がよくない」「自民党は法案審議よりも総裁選を優先すべきである」などの法案とは無関係な言説を悪用した【論点回避 red herring】は、いずれも深刻な演繹《えんえき》原理不全です。

一方、集団的自衛権の発動や集団安全保障参加の要件である各種事態の説明において、必要条件の一部のみを提示し、それがあたかも十分条件であるかのような錯覚を視聴者に与えて結論を導く【十分条件と必要条件の混同 confusion of sufficient and necessary causes】を犯しました。これは深刻な帰納《きのう》原理不全です。

また岸井氏は、デモ参加人数や報道機関の世論調査という「曖昧《あいまい》な民意」を根拠として、「これだけの国民の声」「政府与党は民意を無視している」と数の論理を展開しました。これは、ミクロな特定集団の民意をマクロな日本国民の民意と混同する【合成の誤謬 fallacy of composition】です。岸井氏には、物事の概念に対する見識が不足していたのです。

そして最も深刻なのが、政治的主張と倫理的評価がテレビのニュースキャスターの発言として不適切であるということを全く認識していなかったことです。「閣議決定の撤回を是非お願いしたい」「これ（特定秘密保護法）だけは絶対撤回すべき法律だ」「この法案は廃案にするか、政府与党が潔く撤回をすべき」「メディアとしても廃案に向けて声を上げ続けるべきだ」といった個人の【義務論 deontology】をテレビで主張することは、選民思想を持ったマスメディアの驕《おご》りに他なりません。

圧倒的な黒歴史

過去の『ｎｅｗｓ23』では、以上に示したように、ありのままの事実を伝えるのではなく、番組の論調に都合のよい一部の事実のみを伝える【チェリー・ピッキング cherry picking】と、それに基づくメインキャスターの政治的発言が横行していたといえます。

このような圧倒的な黒歴史を持つ『ｎｅｗｓ23』において、二〇一六年三月からメインキャスターに起用されたのが、元朝日新聞記者の星浩《ほしひろし》氏です。星氏のコメントは非常に柔和《にゅうわ》で抑制的であり、前任者にありがちだった自己アピールのための不必要な対決姿勢を見せることもほとんどありません。些細《ささい》なことにこだわらない大局的な見地に立つコメントも多く認められます。

一方、女性のメインキャスターは雨宮塔子《あめみやとうこ》アナです（二〇一九年五月まで）。星氏の発言にいちいちしっかりと頷《うなず》き続ける雨宮アナは、『サンデーモーニング』橋谷能理子《はしたにのりこ》アナ、『報道ステーション』徳永有美《とくながゆみ》アナとともに「うなずきトリオ」と称するに相応《ふさわ》しい存在です（笑）。

ただ、前任の草野満代《くさのみつよ》アナや膳場貴子《ぜんばたかこ》アナにありがちだった「先生をヨイショする従順な優等生」のような嫌味はなく、終始ナチュラルで上品です。雨宮アナの最大の長所は、不必要な負の感情を表すことがほとんどないことであり、ストレスなくニュースを聴くことができるのが嬉しいところです。

星氏と雨宮アナの登場でキャスターが思想的に極めて偏向した状態をほぼ脱した『ｎｅｗｓ23』ですが、偏向報道がなくなったかといえばそんなことはありません。残念なことに、番組が取り扱うニュースの話題設定自体が、依然として極めて偏向しているのです。

たとえば、二〇一八年の予算成立後の通常国会において、『ｎｅｗｓ23』が政治ニュースとして放送したのは、モリカケ・財務省セクハラ・防衛省日報・文科省講演問い合わせなど、ほとんどが内閣や官僚のスキャンダルであり、国会の主要なアジェンダであったＩＲ法案や働き方改革法案については採決時の混乱のみスキャンダル的に取り上げる程度でした。

『ｎｅｗｓ23』の伝統芸である本末転倒の戦略型フレーム報道は現在も続いています。『ｎｅｗｓ23』の制作者にとっては、「政策」よりも「政策提案者のスキャンダル」のほうが優先される話題なのです。そして、番組内においてキャスターはもっぱら用意された話題を余儀なく報じる操《あやつ》り人形に過ぎないのです。

「二人でモリカケ」指令

『ｎｅｗｓ23』のキャスターが番組の従順な操り人形であることを露呈したのが、二〇一七年の衆議院解散を決めた安倍首相が番組に生出演した時でした。星氏は安倍首相に対して、首相の解散権の行使を批判し、見解を求めました。

これに対して安倍首相は、新憲法下での解散のほとんどが七条による解散であること、臨時国会の冒頭解散も何度かあることを挙げたうえで「国民生活に大きな影響を与える大きな決断をするときには、総理大臣として国民に信を問うべきだと思っています」と回答しました。このとき、画面には映っていない雨宮アナが小声で何かしらの会話をしているのが聞こえました。そして安倍首相が「今回は消費税の使い道において……」と続けると、雨宮アナと駒田アナが絶妙のタイミングでシンクロして、安倍首相の話を遮《さえぎ》りました。

雨宮アナは「総理ごめんなさい。それはのちほどお伺いします。ちょっと個人的に気になるのは、野党は山尾議員が離党しましたよね。ちょっと弱っているのではないかと。そういうタイミングを狙っての解散ではないか、とどうしても思ってしまうのですが」と言って、質問に回答中の首相に別の質問を投じたのです。

番組出演した首相に一つの質問をしておきながらその回答を遮り、個人的に気になる別の質問があるのでそちらを答えて下さいというのは極めて理不尽な展開です。ただ安倍首相は不満を示すこともなく、雨宮アナの新たな質問に真摯《しんし》に回答しました。

「野党というのは選挙がなければ政権はとれないわけでありますから、そのために常に準備をするというのが当然のことだろうと思います」

その時です。突然どこからか、「二人でモリカケ」という声が聞こえました。これは星キャスターの耳からたまたま外れていたイヤホンの音声をマイクが拾ってしまったことによるものです。イヤホンには、番組制作者からキャスターに対して指令が送られていたのです。

安倍首相は気に留めずに「消費税の使い道を変えていく……」と話を続けましたが、イヤホンを付け直した星氏が「消費税についてはあとで時間を取ります」と首相の回答を再び遮りました。そして回答不十分なままに、安倍首相に回答を求めていたはずの雨宮アナが「総理、国民に信を問うべきという意味でもこちらをまずご覧いただきたいんです。モリカケ隠しなんでしょうか」と言って、一方的にモリカケのVTRを流し始めたのです。

この一連の行動から、キャスターに指示を与えながら自ら描いたストーリーで安倍首相を貶《おと》めようとしていた番組制作者の意図がバレたものと考えられます。過去に安倍首相が番組出演するたびにキャスターが論破されてきた暗黒の歴史を考えれば、過敏になるのも理解できますが、あまりにも演出がナイーヴ過ぎて逆に墓穴を掘ったと言えます。

ちなみに安倍首相は、二週間後に衆院選の党首討論で番組に再出演し、ボードを使って加計《かけ》問題を追及しようとした星氏に対して、「あれ、イヤホンちょっと大丈夫ですか？」と声をかけました。安倍首相のジョークはあまりにもブラック過ぎます（笑）。

無意味なサイドストーリーばかりに焦点を当てる『ｎｅｗｓ23』の報道のなかでも、飛び抜けて無意味な報道であったのが、人権蹂躙《じゅうりん》の独裁国家である北朝鮮がプロパガンダ目的で平昌《ピョンチャン》五輪に送り込んだ美女応援団に対するパパラッチ報道です。そのおバカぶりは次のとおりです。

美女応援団徹底報道

▽二〇一八年二月七日

番組は、韓国入りした美女応援団を「彼女らの動向は熱い注目を浴び、大会後の南北関係にも影響を与えそうだ」と熱く紹介しました。実際に彼女らの動向に熱く注目したのはマスメディアだけで、「南北関係に影響を与えそうだ」というのもマスメディアの勝手な推測に過ぎません。

▽二月八日

この日は、美女応援団にストーカーのようにつきまとったうえで、その着衣の変化や髪形について詳細にチェックして報道しました。「いま北朝鮮の応援団の女性たちが出てきました。皆さん笑顔で手を振っています」といった興奮気味の実況や、「一糸乱れぬパフォーマンスに大いに盛り上がりました」「彼女らの微笑み外交がいよいよ始まりました」といった心躍るようなナレーションには、閉口するより他ありません。

▽二月九日

開会式があったこの日には、会場へ向かって走行中のバスの車内の様子を外部から撮影するなどして、美女応援団をまるでセレブリティのように徹底的にパパラッチしました。「眠っている応援団のメンバーもいますね」という実況に、「少し疲れが出てきているのでしょうか」と心配するナレーション。着衣も詳細に「リボン素敵ですね」「開会式は楽しみですか」と声をかけます。

圧巻だったのは、五輪開会式の報道でした。『ｎｅｗｓ23』が主役としてカメラに捉《とら》えたのは、入場行進してくる選手ではなく、会場で応援を続けていた北朝鮮美女応援団と特別席から手を振る金与正《キムヨジョン》（金正恩《キムジョンウン》の妹）の姿でした。本末転倒も、ここまでくると立派に思えてきます（笑）。

▽二月十二日

日本人選手が二つの銀メダルを取ったこの日、番組冒頭での雨宮アナの言葉には、日本中の目が点になったことと推察します。雨宮アナは「日本選手の活躍についてはこのあと、またすぐお伝えしますが、一方の北朝鮮の応援団、一糸乱れぬパフォーマンスに関心が集まっています」と告げると、美女応援団の話題を日本人選手のメダルの話題に優先して報道したのです（笑）。

その内容も、昼食をとろうとレストランにやってきた美女応援団に「食事はおいしいですか」と声をかけたり、美男子仮面を使ったアイスホッケーの応援（放送日の前々日の映像）を紹介したりといった、まったくニュース価値のないものでした。そのあとも金与正や北朝鮮芸術団のプロパガンダを十分以上にわたってたっぷりと伝え、微笑み外交の宣伝に余念がありませんでした。

▽二月十三日

番組はついに五輪報道そっちのけで、休日を楽しむ美女応援団を報道し始めました。番組の関心は五輪そのものではなく、あくまで美女応援団なのです。

▽二月十四日

番組は、日本vs朝鮮半島合同チームの女子アイスホッケーの試合を報じました。ただ、日本チーム「スマイル・ジャパン」のプレーはそっちのけで、合同チームが初得点した際に大いに盛り上がった美女応援団の姿ばかりを映しました。

五輪の主役である選手よりも優先して、北朝鮮がプロパガンダ目的に送り込んだ美女応援団の一挙手一投足を報じた『ｎｅｗｓ23』による平昌五輪報道は、おバカ報道の黒歴史に燦然《さんぜん》と輝くことでしょう。番組は、北朝鮮という国が何の罪もない日本人を拉致《らち》し、肉親を暗殺し、核で世界を脅《おど》す人権蹂躙の独裁国家であることを完全に無視していると言えます。

かつて、ごく普通の家の食卓に毛ガニが並ぶ風景など、北朝鮮のプロパガンダ映像を無批判で放映した筑紫氏の時代から、番組の親北スタンスに変化はありません。

ネットをフェイクと断定するフェイクニュース

ネット言論を「トイレの落書」と蔑視した筑紫氏ですが、その伝統も依然として消えていません。衆院選も近づく二〇一七年十月十一日の放送で、番組はインターネット発のフェイクニュースについて断罪しました。

ナレーター：有権者は投票先を決めるために必要な情報をどのようにして集めているのでしょうか。やはり若者からは、スマホやパソコンなどネットから情報を得ているという答えが多く上がりました。

そこで問題となってくるのが、偽のニュースを意味するフェイクニュースです。先月三十日、ネットの掲示板に、ある候補者の情報が書き込まれました。この候補者は解散直前に立ち上がった新党に同調せず、新たに旗揚げした党に合流。書き込みでは、その合流前に同調しなかったほうの新党に公認申請していたとあったのです。

ところが、この書き込みが嘘でした。それにもかかわらず、記事のタイトルに興味を持った人たちが次々と拡散。ツイッターのいわゆる転載にあたるリツイート数は二百二十万以上にのぼりました。

星浩氏：最近は、ネットを使ったフェイクニュースが横行している。選挙なので困った事態だ。フェイクニュースはゼロにはならない。時間はかかるかもしれないが、メディアと人々の信頼関係をきちんと作っていくことが一番大事だ。

雨宮塔子アナ：情報を受けとめる側も見極める目を養っていきたい。

【解説】 実は、この『ｎｅｗｓ23』のニュースこそがフェイクニュースだったのです。嘘の書き込みのリツイートが二百二十万回（もし本当ならば、この時点で世界歴代四位のリツイート数）というのは完全な嘘であり、実際には約二百三十回に過ぎませんでした（後日、番組がさりげなく訂正）。つまり『ｎｅｗｓ23』は、フェイクニュースによってネットのフェイクニュースを批判したのです。

このニュースにもあるように、マスメディアにはフェイクニュースの発信源をネットに限定する風潮がありますが、実際にフェイクニュースはマスメディア報道でも頻繁に認められ、ネットよりも拡散力が高い分、より深刻と言えます。7章で軽く触れましたが、このニュース自体、ＴＢＳテレビ『サンデーモーニング』でも紹介され、二百二十万リツイートを遥かに越えるレベルの大きな拡散が行われました。

ちなみに各種団体の調査によれば、現在でも有権者の多くが、投票先を決めるために必要な情報をテレビ・新聞から集めています。多くの視聴者が、このフェイクニュースの影響を受けた可能性も考えられます。

『ｎｅｗｓ23』の致命的な問題は、政治におけるメインのアジェンダに正面から立ち向かうことなく、本末転倒な政治のサイドストーリーにばかり注目してケチをつけていることです。番組がやっていることの多くは、けっして「権力の監視」ではなく、「権力を行使できる人物の監視」をしているに過ぎません。

ニュースは星一つ

さて、二〇一九年六月からは、雨宮アナに代わり、それまでテレビ朝日『報道ステーション』のキャスターを務めてきた小川彩佳《おがわあやか》アナが番組のメインキャスターとなりました。ＴＢＳに対して何の免疫もない小川アナの登場で、少なくともＴＢＳに深く根付いた「社会部的な政治報道」とは一線を画すリニューアルが実現されました。論理的な議論も格段に多くなったと言えます。

ただ、悲しいサガなのか、コロナ報道では元来た道に逆戻り、ワイドショーのようなレポーターがクルーズ船に張り付いて乗客にヒステリックな不平不満を連日語らせたり、お騒がせの岩田健太郎氏や上昌広《かみまさひろ》氏に一方的な見解や陰謀論を延々と語らせたり、出羽守《でわのかみ》のNY在住の医師に「東京は三週間前のNY」というショッキングな当て推量を根拠なく語らせたりするなど、客観性を欠く一方的な見解を無批判に垂れ流しました。これでは、いくら情報を料理するキャスターの腕が向上したとしても、できるニュースは「星一つ」の枠を脱することはできないでしょう。

それにしても、いまとなってはギャグのレベルなのが、中国政府がコロナウイルスのヒトーヒト感染を初めて発表した一月二十一日の放送で見解を語る岡田晴恵氏と富坂聰《とみさかさとし》氏のVTR映像です。

岡田晴恵氏：ヒトからヒトにたしかに感染したが、限定的ということが言えると思う。

ナレーター：感染免疫学が専門の岡田教授は、これまでの感染例は患者と濃厚接触者に限られていることから、感染は限定的なものと指摘します。

岡田氏：ご夫婦でご主人からうつったとか、息子さんが家族からうつったとか、医療従事者が患者を看護する、治療するという特殊な環境下でうつったと。感染力が増してどんどんうつっていくという状況ではないだろう、限定したものだろうと私は考えている。

富坂聰氏：ＳＡＲＳのときは完全に中国は隠蔽《いんぺい》体質を持っていた。そのことによって大きな対応の遅れがあった。その轍《てつ》だけは踏むまいという感じの対応に今回はなっている。トップが陣頭指揮を執《と》るということで指示を出した。

【解説】「コロナの女王」岡田晴恵氏は、詳細な情報もないままに、コロナウイルスの感染力は限定的でどんどんうつっていくことはないと断言しています。また、中国共産党寄りの発言が多い富坂聰氏は、事案の経緯も把握しないままに、中国共産党は今回は隠蔽せずに対応したと断言しています。専門家と称する人物が、いかに根拠もなく的外れな見解を語っているかがよくわかります。

一日を締めくくる夜の遅い時間の放映ということもあり、『ｎｅｗｓ23』には、木を見て森を見ないようなワイドショー的要素を完全排除して、森を客観的に写す一日の句読点となるようなまとめ報道を期待したいと私は個人的に思っています。『報道ステーション』のコピーのような「政治ショー報道」を展開しても、誰も疲れて観ないでしょう。小川アナが公正なスタンスを持っているなかで、相も変わらない稚拙《ちせつ》な【話題設定 agenda setting】の混入はとても残念でなりません。

第3編 テレビ禍の主役たち

10. ある種の反日・反米・親韓コメンテーター
青木理氏

ポジショントークの正体

青木理《おさむ》氏は、地上波テレビ放送の情報番組で大活躍している売れっ子コメンテーターです。『日本会議の正体』『安倍三代』などの著書でも知られる青木氏は、ジャーナリズムの使命は政権チェックにあると公言し、来る日も来る日もひたすら安倍政権を斬りまくっています。

もちろん、政権チェックはジャーナリズムの重要なミッションの一つではありますが、ジャーナリズムの本来のミッションは、政権にとって有利か不利かにかかわらず、正しい情報を正しい論理を用いて分析し、最終的に正しい結論を導いて情報受信者に提供することにあります。民主国の主権者である国民は、各種メディアを媒介《ばいかい》して得られた情報を十分に吟味《ぎんみ》することで、国民の代表である議員を選択することになります。

その意味で、ジャーナリズムが政権を批判するだけの一方的な結論のみを提示することは、必ずしも国民の利益に適《かな》うものではありません。政権批判に終始する青木氏のジャーナリズムは、十分に情報を得ることができない【情報弱者 information poor】をミスリードしている可能性があります。

加えて、青木氏のジャーナリズムには多くの疑義が存在します。どんな話題でも、いつのまにか安倍政権や日本社会に対する批判に変えてしまう青木理氏のマジカルな言説は、いわゆる「ポジショントーク」である可能性があります。

ポジショントークとは、前提となる情報から特定の立場にとって好ましい結論のみを導くことを意味する和製英語です。ここで、与えられた情報から必ず特定の立場にとって好ましい結論を導くには、論証抜きに結論を出す（論証不全）か、前提となる情報に操作を加えて結論を出す（論点歪曲《わいきょく》・論点隠蔽《いんぺい》）か、情報を分析する論理に操作を加えて結論を出す（論点相違《そうい》・論点変更）ことが必要となります。

実は、青木氏の【論証 argument】には、これらの操作が〝ある種〟ふんだんに加えられています。まずは国内政治事案から青木氏の言説の実例を挙げ、あくまでも論理的に分析してみたいと思います。

国内政治篇：論証抜きに結論を出す

青木氏は、しばしば完備していない前提から強引に結論を導いて主張します。

〈安保法案採決〉

青木理氏：安倍政権は、戦後七十年の日本の矜持《きょうじ》を根本から引っ繰り返している。それだけでなく、完全に違憲と言われているのに採決を強行する。そういう立憲主義を無視する政権を、はたしてこのまま存続させるべきなのか。怒りを持続させて、この政権を認めるべきか否かを僕らの側が議論する段階に入ってくる（サンデーモーニング、二〇一五年九月十三日）。

【解説】安保法案が採決される直前の日曜日、サンモニ初登場の青木氏は、実際には論証とは言えない【個人的確信に基づく論証 personal assurance】により、番組の論調を代弁する御用コメントを連発しました。この言説の前提である「安倍政権が日本の矜持を引っ繰り返している」「完全に違憲」というのは青木氏の単なる個人的確信であり、こういった根拠から結論を導く誤謬《ごびゅう》は、青木氏の言説に頻繁に認められます。

なお、「怒りを持続させて」は明らかな【群集操作／アジテーション crowd manipulation】、「僕らの側」はポジショントークの主語であり、放送法に抵触するものと考えます。

〈参院選自民党圧勝〉

青木氏：安倍政権のコアな支持層である日本会議の主張を検討していくと、政教分離とか国民主権を明確に否定する方々がかなりいる。今回の参院選は、結果的に凄く大きな分水《ぶんすい》嶺《れい》になった可能性もある。

まだ遅くはないので、改憲の発議をするなかで大丈夫なのか慎重に見ていないと、ゆでガエルがゆであがって死んじゃう状況にこの国がなりつつある（モーニングショー、一六年七月十七日）。

【解説】『日本会議の正体』の著者である青木氏は、まるで日本会議が日本を支配しているかのような【陰謀論 conspiracy theory】を頻繁に繰り返します。強権支配者が隠された目的を持っているとする陰謀論は、論証とは言えない【立証不能論証 unprovable argument】です。陰謀論を使えば、あらゆる虚偽を造り出して政権の批判を行うことが可能です。

三段論法を偽った詭弁

〈森友問題〉

青木氏：籠池《かごいけ》氏は、首相夫人の昭恵氏に適時報告していたと証言した。安倍氏は「私や妻が何らかの形でかかわっていたら、私は首相も議員も辞める」と言った。安倍氏がやることは二つだ。一つは辞めるか、もう一つはそうでないのなら反証をきちんとすることだ。どちらもしないというのは納得できない（サンデーモーニング、一七年四月三十日）。

【解説】 一見してこの言説は、「首相夫人がかかわっていたら安倍首相は辞任しなければならない」（大前提）→「首相夫人はかかわっていた」（小前提）→「安倍首相は辞任しなければならない」（結論）という三段論法に見えますが、実際には単なる詭弁《きべん》にすぎません。大前提の「かかわっている」は「問題にかかわっている」という意味であり、小前提の「かかわっている」は「籠池氏にかかわっている」という意味でしかなく、論証が成立しないからです。首相夫人は籠池氏にかかわっている証拠はありますが、土地問題にかかわっていた証拠はありません。

正しい三段論法では「安倍氏」「夫人がかかわっている」「辞任する」という三つの概念を連携させて結論を導きますが、この言説では「安倍氏」「夫人が籠池氏にかかわっている」「夫人が問題にかかわっている」「辞任する」という四つの概念を連携させています。これは【四個概念の誤謬 four-term fallacy】と呼ばれる論証不全です。

〈憲法改正〉

青木氏：安倍氏は憲法を変えたいんだ。はっきり言えばどこでもいい。憲法を守らなければならない最高権力者が「とにかく変えたいんだ」と言って変えるということは、はたしてよいのか（サンデーモーニング、一七年六月二十五日）。

【解説】 この言説も、「安倍氏は憲法を守らなければいけない」（大前提）→「安倍氏は憲法を守らず、変えたい」（小前提）→「安倍氏はよくない」（結論）という三段論法に見えますが、実際には四個概念の誤謬です。大前提の「守る」は憲法を遵守《じゅんしゅ》するという意味の「遵《まも》る」、小前提の「守る」は守護するという意味の「護る」であり、論証が成立しないからです。

総理大臣は、憲法九十九条の規定により憲法を遵守する義務がありますが、憲法を改正から守護したとしたら憲法九十六条違反です。青木氏が、このような憲法の意味を理解しないでこの言説を主張していたとしたらジャーナリストとしての素養《そよう》はなく、理解して主張していたとしたらジャーナリストとしての資格はありません。

〈森友問題〉

青木氏：森友問題は、きちんと記録さえ残して公開していれば一発で解決している問題だ。

それが官僚の忖度《そんたく》、あるいは政権の指示なのか、ここまで隠されると、後者だったのではないかと思われても仕方がない（サンデーモーニング、一八年二月十八日）。

【解説】 これは、前提の真が証明されていないことを根拠に、その言説は偽であると主張する【無知に基づく論証 argument from ignorance】という誤謬です。

前提となる情報を歪曲して結論を出す

青木氏は、しばしば前提となる情報を歪曲して結論を導きます。

〈相模原障害者施設殺傷事件〉

青木氏：この事件がいまなぜ起きたのか。弱者や少数者に対して、ヘイトスピーチを含めてひどいことをしている社会、ある種、政治がそれを追認しているのではないか。政治の在《あ》り様《よう》がこの事件に投影されているのではないかということを、裁判の過程で僕らは考えていかなければいけない（サンデーモーニング、一七年二月二十六日）。

【解説】 青木理氏は言説において、「ある種」という言葉を極めて頻繁に使用します。この言葉には、実際にはそうではないことを、あたかもそうであるかのように曖昧《あいまい》に印象付ける効果があります。

この例では、この【曖昧な言葉使い weasel wording】を悪用して、政治がヘイトスピーチを追認し、それが相模原障害者施設殺傷事件の原因になったかのように【心理操作 psychological manipulation】して、それを前提としています。

〈前川喜平《きへい》氏〉

青木氏：前川喜平氏は、僕自身の感想だが、ある種、爽やかと言ったら言い過ぎかもしれないが、正義感、それからある種の誠意というか、こういう官僚もいるんだなと。「あるものがないというのはおかしい」という素直な憤《いきどお》り、正義感というのを僕は憶《おぼ》えた。少なくとも文科省側は、「加計《かけ》学園をやれ（採用しろ）」ということを共通認識として持たされていた、と前川さんが言っているのは事実だと思う。

安倍総理が野党に「印象操作」とよく言うのは、自身が印象操作をしているという印象があって、たとえば前川さんが出会い系バーに通っていたというのも印象操作だ（モーニングショー、一七年五月三十日）。

【解説】青木氏が展開しているのは、「爽やか」「正義感」「誠意」という青木氏個人が造り上げた前川氏の人格に関する好印象を根拠にして結論を導く【対人論証 argumentum ad hominem】に他なりません。これを印象操作と言います。

前川氏が出会い系バーに通っていたのは、本人も認める事実です。「安倍総理が野党に『印象操作』とよく言うのは、自身が印象操作をしているという印象がある」というのも完璧な印象操作です（笑）。

〈独裁に走る社会〉

青木氏：独裁であればあるほど、市民社会は不自由になっていく。たとえば中国がそうだし、その究極型が北朝鮮だ。他人事《ひとごと》でなく、日本も一強とか官邸主導と言われている状況が続いていて、たとえば森友・加計学園の問題で、ある種、支援者だったり友人を依怙贔屓《えこひいき》しようとしたら、官僚も忖度して公文書まで改竄《かいざん》したりとか、首相の御意向で行政が歪《ゆが》んだということが起きている。日本でもある種、非常に右派的なポピュリズムを望む人たちが現政権を支えて、一強の下でこういうことが起きた（サンデーモーニング、一八年三月二十五日）。

【解説】政治体制が全く異なる日本と中国・北朝鮮を【根拠薄弱なアナロジー weak analogy】で無理矢理に類比し、「ある種」という言葉で、安倍政権が独裁政権であるというメディアが造った非常識な印象を無理矢理に事実認定しています。

論理的ではない批判

〈自民党総裁選〉

青木氏：異論とか反論とか少数者の考えというのを、ある種の強権でねじ伏せ、封じて、聴こうとしない政権の体質。政権とか権力者の在り様が、今回の自民党総裁選で問われていると考えると物凄く重要な総裁選だ（サンデーモーニング、一八年九月十六日）。

【注釈】典型的な【論敵の悪魔化 demonization】です。安倍政権は、むしろ権力の行使に慎重で他者の意見を聴く民主的な政権であり、いわゆる「強行採決」のペースも民主党政権の半分程度に過ぎません。何をもって強権なのか、メディアの印象操作は公正な社会を破壊する極めて重大な問題です。

〈改正入管法可決〉

青木氏：ひどい。本当にひどい。特定秘密保護法も安保法も共謀罪もひどかったが、今回の国会審議の通し方は最悪だ。こんなことやっていたら、国会はいらないっていうことになる（サンデーモーニング、一八年十二月九日）。

【解説】 青木氏は「ひどい」「最悪」などの【評価型言葉 evaluating word】を連呼して政府批判していますが、論理的には何の意味もありません。批判を行う場合には、評価ではなく事実を根拠にすべきです。

〈あいちトリエンナーレ〉

青木氏：展示中止は極めて残念だ。気になったのは政治家、ある種、芸術への政治の介入だ。政府に批判的な芸術に公的資金を入れるのはどうかという議論もあるが、これは別に政府の金ではない。税金だ。独裁国家でもあるまいし。ある種、日本社会全体で、日本の表現に対する不自由展を演じてしまった（サンデーモーニング、一九年八月四日）。

【解説】 この件において、政治家は誰も出品者の精神的自由を奪っていません。芸術という名の下に、公共の福祉に反するヘイト表現で公金を得るという経済的自由が問題化されただけです。事実を歪曲して前提とするこの言説は【ストローマン論証 the strawman】です。

なお、日本のような法治国家では、税金の運用は法律に従います。税金は、テレビのコメンテーターや活動家のような声の大きい人たちだけのものではありません。

前提となる情報を恣意的に選んで結論を出す

青木氏は、しばしば論証の前提となる情報を恣意的《しいてき》に選んで結論を導きます。

〈新春討論〉

小松靖アナ：そこまで安倍内閣は史上最悪の政権だと言うのであれば、対案がないと説得力が伴わない。で、その話をすると「私は政治記者ではないので」と言うが、そんなことは関係ない。社会部の記者としてこれまでの知見を集結すれば、一つの答えは十分に出せると思う。

青木氏：ジャーナリストという存在が対案を出すべき存在なのか、と僕はずっと疑問に思っている。鳴き続けるのが僕らジャーナリストの仕事であって、対案を出すのはテレビ朝日・番組・政治学者の責任かもしれないが、少なくともジャーナリストという立場で対案を出すことを僕は仕事とは思っていない（BS朝日新春討論、一八年一月一日）。

【解説】青木氏の言うとおり、批判を行う場合に基本的に対案は必要ありません。しかしながら、小松アナの言うとおり、青木氏が「史上最悪」という比較を結論に含めている以上は対案を示す責任があります。自説の論拠を隠し、高らかに結論だけを述べる【チェリー・ピッキング cherry picking】は【情報操作 information manipulation】であり、ジャーナリズムではありません。

〈辺野古《へのこ》基地〉

青木氏：今日はまさに選挙だ。辺野古の埋め立ては二兆数千億かかる。我々の税金だ。このような膨大な金を使って、沖縄をある種、押し付けてやっていいのか。大きな争点だ。僕もこれから投票に行く（サンデーモーニング、一九年七月二十一日）。

【解説】多くの論点がある辺野古基地問題について、参院選当日に一方的な政治宣伝を行い、辺野古基地に反対する野党への投票を暗に呼び掛ける青木氏です。これは、自説に好都合な情報のみをテレビ放送を利用して有権者に与えて宣伝する【カード・スタッキング card stacking】であり、間接民主主義に対する公然とした挑戦に他なりません。

誤った原理を使って結論を出す

青木氏は、しばしば誤った原理を使って、前提から結論を導きます。

〈安倍晋三氏〉

青木氏：恐ろしくつまらない男だった。少なくとも、ノンフィクションライターの琴線《きんせん》をくすぐるようなエピソードはほとんど持ち合わせていない男だった。あえて評するなら、ごくごく育ちのいいおぼっちゃまにすぎなかった。

言葉を変えるなら、内側から溢《あふ》れ出るような志《こころざし》を抱いて政治を目指した男ではまったくない。基礎的な教養の面でも、政治思想の面でも、政治的な幅の広さや眼力の面でも、実際は相当な劣化コピーと評するほかはない（現代ビジネス、二〇一七年一月二十日）。

【解説】 これは、自著『安倍三代』の出版に関連して、安倍晋三氏について語った青木氏の説明です。個人の尊厳を傷つけるような評価型言葉による【悪口 name calling】の羅列ですが、このうち大きな問題は「劣化コピー」という言葉です。これは、出自《しゅつじ》に基づいて人を評価する【状況対人論証 ad hominem circumstantial】によるヘイト表現に他なりません。

実際に同書には、「晋三がいくら岸信介を敬愛し、それを手本にしていたとしても、素直に言って、実態は相当に質の低いカーボンコピーである」とも書かれています。首相は国民全体に奉仕する公務員であり、国民は罷免《ひめん》する権利を持ちますが、その人権を侵《おか》すヘイト表現は許容されるものではありません。

〈籠池夫妻逮捕〉

青木氏：籠池氏は、もともとは安倍政権の熱烈な応援団で、安倍氏の側も奥さんの昭恵氏が非常に密接に付き合っていた。日本の右派というか、ある種のこんな人たちなのかということが見えたということで、いまの社会状況を象徴している事件だ（モーニングショー、一七年八月一日）。

【解説】 少数の人物が共通の属性を持っていることを根拠にして、その属性を持つ大きな集団を一般化するのは【軽率な概括《がいかつ》 hasty generalization】に他なりません。差別主義者がしばしば使う誤謬です。

排他主義者はどっちだ

〈『新潮45』LGBT問題〉

青木氏：「右寄り」とは、要するに排外主義だ。弱者だったり隣国だったりとか異民族だったりとかを、「日本は凄い」と「こいつらはダメだ」と叩くことで、ある種、自分たちに不安がある人たちを喜ばせるようなネトウヨとかと近いが、排外主義的な路線、それが一定程度の読者がいるというところにターゲットを絞っている出版・雑誌というのが増えている（モーニングショー、一八年九月二十五日）。

【解説】 極めて少数の排外主義者を根拠にして、「右寄りは排外主義」と一般化するのも軽率な概括であり、それによって差別的なレッテルを貼るのは状況対人論証に他なりません。このような主張をする青木氏のほうが、よっぽど【排他主義者 exclusionist】です。

〈天皇誕生日会見〉

青木氏：天皇の言動が政治性を帯びてはいけないし、帯びさせてはいけない。しかし、災害・沖縄・反戦・非戦・外国人労働者について触れている。ある種、政治的だ。

しかし、ごく当たり前のことだ。政治性を持ってはいけないが、戦争を知っている世代のある種の代表として言い続けたことを、政治性を帯びさせないでどう耳を傾けるかが重要だ。

一方、排外主義とか、ある種の歴史修正主義とかが横行していて、どうも日本の場合は政権にもその傾向が強いなかで、逆に天皇がごく常識的なメッセージの発信者となっている。いまの日本社会の病が逆に映し出されている（サンデーモーニング、一八年十二月二十三日）。

【解説】青木氏は政権批判のために、政治利用してはいけないと自らが主張する天皇の言動を政治利用して【権威論証 argumentum ad verecundiam】を展開しています。言っていることとやっていることが違うことは世間一般によくあることですが、青木氏のように言っていることと言っていることが違うことはなかなかありません（笑）。

〈吉本新喜劇〉

青木氏：安倍首相が吉本新喜劇に出た。そもそも、「庶民が権力者を茶化《ちゃか》して皮肉って笑う」のが本来のお笑いだ。そこに首相を呼ぶのはどうなのか（サンデーモーニング、一九年四月二十八日）。

【解説】 これは、論者が個人的確信で本物を定義する【本物のスコットランド人はそうはしない no true Scotsman】と呼ばれる誤謬です。青木氏はテレビを使って、お笑いの表現の自由に圧力を加えています。

論点を変更して結論を出す

青木氏は、しばしば問題の論点を変更することで、前提を無視して結論を導きます。

〈衆院選自民党圧勝〉

青木氏：ある種、有権者は正直で、「今回の選挙、何なんだ」とよくわからないまま投票に行かなかったという選挙で、こういう形が出た。（自民党には）これで胸を張られても困るから謙虚にやってほしい。麻生氏の「北朝鮮のおかげ」発言は謙虚のカケラも見られなかったし、野党の質問時間を少なくして謙虚のカケラもない（サンデーモーニング、一七年十月二十九日）。

【解説】自民圧勝の選挙結果について訊かれた青木氏は、「正直な有権者が棄権したため」とする根拠のない言説を根拠にして、国民の民意を否定したうえで、さりげなく【論点変更 shifting to another problem】し、自民党は謙虚のカケラもないという結論を導きました。自己防衛のための論点変更です。

〈日大アメフト問題〉

青木氏：日大アメフトの問題は、トップが責任をとらず、中間は上を守って責任を下に押し付け、下が一番苦しむという意味で、まさにどこかの話と同じだ。この問題、テレビのワイドショーが物凄くやっている。一方で、モリカケは飽きているみたいな風潮がある。ある種、政治のほうでスッキリしないのをこっちのほうで、ある種、溜飲《りゅういん》を下げるというか、同じことが起きている物語になっている面もあるのかな（サンデーモーニング、一八年六月三日）。

【解説】 いかなる事案でも、最後には「アベが悪い」という結論を導く典型例です。他者攻撃のための論点変更です。

以上で示したように、青木氏の言説には広範にわたる多くの誤謬が含まれています。仮に青木氏が安倍政権を公平にチェックしているのであれば、その誤謬はときに安倍政権に不当な高評価を与え、ときに不当な低評価を与えることになります。しかしながら、青木氏の誤謬のほぼすべては、安倍政権に不当な低評価を与えるものと言えます。

この事実から帰納的《きのうてき》に考えれば、青木氏は安倍政権を公平にチェックしているのではなく、〝ある種〟、安倍政権を打倒する目的で詭弁（意図的な誤謬）を使っている可能性が高いと言えます。このようなポジショントークは、明らかにジャーナリズムでなくメディアを利用した政治運動です。いずれにしても、詭弁を使って意見の異なる相手を貶《おとし》めるポジショントークは、邪悪な力を使って人を呪う黒魔術のようなものです。

国際政治(北朝鮮)篇:北朝鮮は地球よりも重い

前節では、テレビの売れっ子コメンテーター、青木理氏の国内政治にまつわる発言について、論理的に分析しました。青木氏の発言の多くは、「ある種」という曖昧な言葉を悪用するとともに、あらゆる誤謬を連発して都合のよい結論を導く「ポジショントーク」であり、国内政治にかかわる話題に対しては、たとえどんな内容であっても、強引に政権批判に結びつけてしまうことを示しました。

その青木氏は、国際政治にかかわる話題に対しても、たとえどんな内容であっても、強引に日米悪罵《あくば》と中朝韓礼賛《らいさん》に結びつけてしまいます。ここからは、国際政治に関する青木氏の典型的な発言を時系列に沿って厳選して紹介し、論理的に分析してみたいと思います。

〈北朝鮮ミサイル実験〉

青木氏:安倍首相が「あらゆる選択肢がテーブルの上にある」と言うのも、護衛艦がカールビンソンと一緒に訓練するのも、武力による威嚇《いかく》で憲法違反だ。プーチンさんや習近平さんが言っているようなこと（プーチン：万景峰《マンギョンボン》号定期運航、習近平：対北行動の抑制喚起）を日本はもっと発しなければいけない（サンデーモーニング、一七年四月三十日）。

青木氏：肝心の米国は混乱状態、韓国が一所懸命呼びかけても応じないことになると、日本が対話局面に誘導する外交努力をしなければならないが、そういう気が見えない（サンデーモーニング、一七年七月三十日）。

青木氏：米国という世界最強の軍隊が、目の前で合同軍事演習をやっている。だからそれに対して何らかの反応をするのは、ある種、北朝鮮にしてみれば当然だ。日本の安全保障上の脅威が、これによって凄く増すことはない（モーニングショー、一七年八月二十九日）。

青木氏：僕は何度も北朝鮮に取材で行っている。北朝鮮にもいろんな人が暮らしている。家族がいて、生活があって、いまの体制に多少なりとも疑問を持っている人もいる。もし武力行使になったら、そういう人たちにとんでもない災害が及ぶ想像力を持つべきだ。朝鮮戦争で何百万人が死んだ。日本はそれを戦後の経済成長の踏み台にした。またそこに惨《さん》禍《か》を及ぼしていいのか（サンデーモーニング、一七年九月二十四日）。

【解説】過去にソウル特派員を務めたという関係で、青木氏は北朝鮮問題にしばしば言及します。しかしながら、肝心の北朝鮮については専門的見解をほとんど語ることがなく、北朝鮮目線に立った北朝鮮擁護、「文在寅《ムンジェイン》政権は一所懸命北朝鮮に向き合っている」という韓国礼賛と、「日本は北朝鮮と向き合っていない」という日本悪罵に終始しています。

基本的に青木氏は、日本を武力で威嚇している北朝鮮に対してはその威嚇を正当化し、北朝鮮に対する純粋な防衛訓練をしている日米に対しては武力で北朝鮮を威嚇しているなどという、本末転倒な発言を続けています。ミサイルが初めて通告なしに日本列島上空を通過しても日本の安全保障に変化はないと主張する一方で、北朝鮮国民の危険を心配します。

テレビを通して北朝鮮のエキセントリックなプロパガンダを宣伝する青木氏は、「ある種」の広告塔です。

北朝鮮は肯定、安倍は否定

〈平昌《ピョンチャン》五輪〉

青木氏：日本国内のムードは、とにかく「北朝鮮憎し」と慰安婦問題等での韓国への反発であり、南北の動きを冷笑している。結局、「とことん北を追い詰めてやっちまえ」というふうにしか僕には見えない（サンデーモーニング、一八年一月二十八日）。
青木氏：これだけ北朝鮮が不愉快な存在であるという世論一色になると、日本の政治外交の選択肢が狭まる。北朝鮮とは向き合うしかない。その一方で、韓国の文在寅政権は必死になって、南北対話を通じ平和を創り出せないか、あがいている（サンデーモーニング、一八年三月四日）。
青木氏：日本は、本当にトランプ政権と一〇〇%ともにあるだけでいいのか。北朝鮮問題を見ていると、韓国を中心に中国も米国も北朝鮮も動き始めている。日本は何の存在感もない（サンデーモーニング、一八年四月八日）。
【解説】明確に親北朝鮮のポジションをとっている青木氏にとって、親北朝鮮の文大統領は肯定すべき存在であり、トランプ政権と協働して北朝鮮制裁を行う安倍首相は否定すべき存在です。

北朝鮮で現在進行中の軍事的拡大の抑制に有効な唯一の非軍事的手段である経済制裁を否定し、対案も出さずに「北朝鮮に向き合え」と日本に命令する青木氏は、無責任極まりない「ある種」のバカ殿です。

ちなみに現在、青木氏が絶賛した文大統領は金正恩《キムジョンウン》から三行半《みくだりはん》をつきつけられ、一人蚊帳《かや》の外状態にあります。

〈米朝首脳会談開催へ〉

青木氏：当たり前の責任であるが、かつての戦前戦中の行為の賠償を日本は北朝鮮に支払わなければいけない。それも兆単位になる（サンデーモーニング、一八年六月三日）。

青木氏：なんとなく金正恩さんのイメージも変わった（サンデーモーニング、一八年六月十七日）。

青木氏：北朝鮮の論理に立てば、米朝首脳会談の約束を北朝鮮はやり始めているが、米国は全然動かない。問題はトランプ政権の側だ（サンデーモーニング、一九年一月六日）。

青木氏：去年のいま頃、日本は「北朝鮮に踊らされるな」と凄く冷たく見たが、いまになってみると、韓国の文在寅政権が描いた構想のほうにどんどん朝鮮半島が動いていって、日本は取り残されている（モーニングショー、一九年二月二十六日）。

青木氏：考えてみれば当たり前で、北朝鮮が核とミサイルをそう簡単に手放すわけがない。韓国は対話を一所懸命サポートしようとしている（サンデーモーニング、一九年三月三日）。

【解説】日本の北朝鮮への戦後賠償額を勝手に決めつける青木氏ですが、日朝平壌宣言以来、北朝鮮に対する多大な防衛費を余儀なく投入させられている日本が、北朝鮮に多額の賠償を支払う責任は必ずしもありません。また、「金正恩さんのイメージも変わった」などという戯言《ざれごと》は、拉致《らち》被害者家族の感情を逆撫《さかな》でする非常識発言です。北朝鮮の立場に立って日米を一方的に批判する青木氏は、「ある種」北朝鮮の代理人です。

金正恩の気持ちを代弁

〈ミサイル施設再開か〉

青木氏：金正恩委員長が本当に何を考えているのか推測すると、本気で元のようなミサイル・核実験する気はない。韓国の文在寅大統領は必死になって米朝関係を仲介しようとすると思うが、日本もその立場で努力しなければいけない（サンデーモーニング、一九年三月十七日）。

青木氏：日本は最大限の圧力をかけると言っていたが、トランプ氏がコロッと変わったら今度は向き合うと言う。まだ安倍氏と会っていない金委員長の気持ちを僕はわかる。日本の主体性が見えない（サンデーモーニング、一九年四月二十八日）。

青木氏：北朝鮮とは向き合わなければいけないが、安倍首相がなぜここにきて条件も付けずに北朝鮮と向き合わなければいけないと言い出したのか。日本だけ金正恩と会っていないからであれば問題だ（サンデーモーニング、一九年五月十二日）。

青木氏：安倍首相はG20サミットで、ある種「やってる感」は出るが、北朝鮮に関して言えば、中国も韓国もロシアも米国も会っていて、日本の「蚊帳の外」感はますます強まっている（サンデーモーニング、一九年六月二十三日）。

【解説】 青木氏は、しばしば「ある種」のイタコのようになって金正恩の気持ちを代弁します。安倍首相とトランプ大統領は、宣言どおりチームとして問題に取り組んでいるため、両者の行動が一致するのはむしろ当然と言えます。それに対して、「日本の主体性が見えない」と批判する青木氏は、「ある種」チュチェ（主体）思想にハマっています。また青木氏は、「北朝鮮とは向き合わなければいけない」と主張していたにもかかわらず、安倍首相が「向き合う」と発言すればそれを批判します。

さらに青木氏は、「日本だけ金正恩と会っていないこと」を根拠にして安倍首相が金正恩と会うことを問題視する一方で、「日本だけ金正恩と会っていないこと」を根拠に日本を「蚊帳の外」と批判しています。ダブスタなど関係なく、何でも批判してしまう青木氏は、

「ある種」のモンスター・クレーマーです。

拉致被害者家族の死を利用して安倍批判

拉致された横田めぐみさんと再会することができずに父の横田滋《しげる》さんが亡くなったという報道に対して、次のような発言がありました。

青木氏：拉致問題がいまの安倍政権のある種「一丁目一番地」というか、この問題で日朝首脳会談の時に強硬な姿勢を取ったことで当時官房副長官だった安倍氏が一気に政界の階段を駆け上るきっかけになった。この七年を見てみると結果的に何も進まなかった。安倍政権の外交って何だったんだろうか（サンデーモーニング、二〇二〇年六月七日）。

横田哲也氏（横田滋さんの息子でめぐみさんの弟）：この拉致問題が解決しないことに対して、あるジャーナリストやメディアの方が「安倍総理は何をやっているんだ」「北朝鮮問題が一丁目一番地で掲げていたのに、何も動いていないじゃないか」というような発言を、ここ二、三日で私も見て耳にしておりますけれど、安倍総理・安倍政権が問題なのではなくて、四十年以上も何もしてこなかった政治家や「北朝鮮なんて拉致などするはずないでしょ」と言ってきたメディアがあったから、ここまで安倍総理・安倍政権が苦しんでいるんです（六月九日の記者会見）。

【解説】拉致問題の解決を遅らせているのは、北朝鮮にとっては便利な存在である青木氏のような、北朝鮮問題を日本の政権批判に利用する日本国民です。被害者ご家族の気持ちを踏みにじり、その死をも悪用する青木氏は極めて卑劣です。

「罪人の子は罪人」

〈朴大統領の親友が容疑否認〉

青木氏：退任後に大統領がほぼ毎回訴追され、一族が私腹を肥やしているのが必ず出てくるのはなぜか。韓国は血族意識が強いので、ある種、悪く言えば癒着《ゆちゃく》、よく言えば情が深い（モーニングショー、一六年十一月一日）。

青木氏：コネと学力社会だけ言うとひどい国みたいだけど、ある意味、物凄くダイナミックな国でもある。朴槿惠《パククネ》大統領の疑惑を追及したのはリベラル系の新聞で、新興の民間テレビ局が権力を追い詰めた。本当に楽しい国でもある（モーニングショー、一六年十一月八日）。

【解説】 悪代官のような大統領の一族が私腹を肥やしていることに対して「情が深い」と褒める青木氏は、「ある種」の越後屋《えちごや》です（笑）。また、その不正を追い詰めるプロセスを根拠に「楽しい国」とするのは本末転倒です。

〈釜山で少女像設置〉

青木氏： 日本政府側は約束違反だと言っているが、韓国内で慰安婦問題は物凄く感情的な問題だ。日本側に問題もある。本来ならば、日韓合意を受けて安倍氏がもっと積極的に動くという手もあった。お金だけ渡すのではなくて。今回、お詫びの手紙もつけていない（モーニングショー、一七年一月十日）。

青木氏： 韓国は何考えているんだという気持ちはわかるが、非常にもったいない。そもそも振り返れば、かつての戦争中に日本が犯した罪のうちの一つのわけだから、突き放すのではなく、もう一歩踏みこんで韓国政府と一緒に問題を完全に解決する努力をするのが必要だ（サンデーモーニング、一八年一月十四日）。

青木氏：朝鮮半島は大国に挟まれ、冷戦の最前線になった。かつて日本も植民地化した。その地がいまだに分断されて、統一もされていない。韓国で「日本はズルい」と言われた。日本は安全保障をアメリカに依存し、基地は沖縄に押し付け、分断は朝鮮半島に押し付け、しかも朝鮮戦争を戦後の経済成長の跳躍台にした（サンデーモーニング、一八年五月六日）。

青木氏：ゴールポストを韓国が動かすという苛立《いらだ》ちはわかるが、大元《おおもと》をたどれば戦前・戦中に日本がひどい目に遭わせた。日本も、日本政府・韓国政府・日韓の企業でファンドを作って補償するような、冷静な知恵を出すことが必要だ（サンデーモーニング、一八年十一月二十五日）。

【解説】「日本側に問題がある」「かつての戦争中に日本が犯した罪」「日本はズルい」「戦前・戦中に日本がひどい目に遭わせた」などとする不合理あるいは不正確な理由を挙げて、最終的かつ不可逆的に解決されたはずの慰安婦合意を破る韓国を正当化し、合意を破られた日本を「もっとできることがある」と批判する青木氏です。何の罪も犯していない現代の日本人に永遠の罪を負わせる青木氏の主張は、「罪人の子は罪人」とする卑劣な人権侵害であり、「ある種」の国籍差別に他なりません。

韓善日悪の構図

〈韓国軍レーダー照射〉

青木氏：たしかに不自然かもしれないが、北朝鮮漁船の捜索、あるいは危ないと思って射撃用レーダーを動かしていたところに、日本の哨戒機《しょうかいき》が韓国の言うとおり近づいてきて、レーダーを向けてしまったことは起こりえないのか。韓国側がいま一番、政治レベルで反応しているのは日本の反応だ。いきなり防衛大臣が会見をして、「非常に危険な行為でけしからん」と言った。過剰じゃないのというのが韓国の反応だ（モーニングショー、一八年十二月二十五日）。

青木氏：レーダー照射問題に、日韓トップの政治的スタンスの違いがかなり出てきている。文在寅氏は人権派弁護士出身で貧しくて苦労したリベラルで、過去の保守政権・軍事政権に対する物凄い反発がある。一方の安倍氏は保守であり、右派であり、過去の韓国の保守政界と結びついてきた岸信介さんの直系だ。この違いが徴用工の問題、そしてレーダー照射の問題に出てきている。

どうもビデオの公開に首相の意向があり、その意向に韓国が反発している。事実関係の精査も大切だが、隣国同士の溝がどんどん深まっていくので、ここは一つ冷静になって、韓国の主張も感情的にならずに見つめることが大切だ（サンデーモーニング、一九年一月六日）。

青木氏：韓国と北朝鮮の瀬取《せど》りの可能性はほぼない。そんなことを韓国軍・政府がやっていれば、国際的な非難は物凄いことになる。北朝鮮に対して制裁しているわけなので、そんなことはあり得ない（モーニングショー、一九年一月二十九日）。

【解説】レーダー照射問題に関して青木氏は、毎日変わる極めて支離滅裂《しりめつれつ》な韓国の主張を擁護するとともに、自衛隊員の人命を脅《おびや》かした韓国軍の危険行為に対して、日本の防衛大臣が記者会見で抗議したことを問題視しました。

また、文大統領＝善vs安倍首相＝悪という勧善懲悪《かんぜんちょうあく》の構図を造り、それが徴用工・レーダー照射問題の背景にあるかのように無理やり暗示したうえで、韓国の支離滅裂な主張を理解するよう日本に一方的に求めました。さらには、瀬取りをしたら国際的な批判が物凄くなるので韓国と北朝鮮が瀬取りすることはあり得ない、と主張しました。

このように、ある事象は生起すべきでないので生起しないと主張するのは道徳主義的誤謬と呼ばれる誤りであり、何の証明にもなりません。

正当な批判も日本が行えば「ヘイト」

〈韓国国会議長が天皇に謝罪要求〉

青木氏：文喜相《ムンヒサン》国会議長の発言の真意を韓国の記者に訊いたら、悪意で言っているのではないようだ。いまの日韓関係を何とかしたいという思いはあるらしい。謝罪したら一発解決できるんじゃないかという、ある種、善意で言ったんじゃないかと分析している記者もいる（サンデーモーニング、一九年二月十七日）。

【解説】「天皇は戦争犯罪の主犯の息子」とした文議長の発言は、出自を根拠にして人間を差別する状況対人論証である【出自に基づく論証 genetic fallacy】に他なりません。このようなヘイトスピーチを根拠にした謝罪要求を、権威論証を使って「悪意ではなく善意」と主張する青木氏は、「ある種」の悪徳弁護人です。

〈徴用工〉

青木氏：日本側は六五年の協定を盾にして「正しいだろ」と言っているが、韓国側にしてみると、独裁政権への反発によって生まれたのがいまの政権だ。個人賠償権は消えていないというのはそのとおりだ。司法判断だから行政はどうしようもないというのも、そのとおりだ（サンデーモーニング、一九年五月二十六日）。

【解説】「個人賠償権は消えていない」というのはそのとおりです。韓国政府は、賠償権を持つ個人に賠償する責任があります。一方、「司法判断だから行政はどうしようもない」というのはそのとおりではありません。韓国の司法が合意を覆《くつがえ》した責任をとらなければいけないのは韓国の行政であり、責任をもって合意を保障しなければなりません。

〈輸出規制〉

青木氏：日韓の首脳が向き合って努力しなければいけないのに、こんなことをして。そもそもは日本の戦争中の問題なので、中国や北朝鮮はもちろん、こんな通商圧力でやることに対して欧米も支持してくれない（サンデーモーニング、一九年七月七日）。

青木氏：徴用工問題は日韓請求権協定で解決済みと日本は言っているが、協定は日本の保守政権と韓国の軍事政権の政治的妥協だ。しかも日本の過去の悪行と言ったらなんだけど、植民地支配があるのだから、日本が解決済みだ、とふんぞり返って済む問題ではない（サンデーモーニング、一九年七月二十一日)。

青木氏:「韓国が過去の話をいつまでも持ち出してきて合意も守らない。だから懲《こ》らしめるんだ。一泡吹かせてやるんだ」というのが日本の本音だ。安保で信じられないと言ったら、「お前は本当に信用できない奴だ」と言ったに等しい(サンデーモーニング、一九年八月四日)。

【解説】輸出管理にかかわる青木氏の発言の問題点については、7章で詳細に記述したので省略しますが、「罪人の子は罪人」であるかのように現代の日本国民に謝罪を要求し、その正当な批判まで「ヘイト」であるかのように概括《がいかつ》するのは、「ある種」の国籍差別でありヘイトです。ちなみに世界で日本の対韓輸出管理に反対している国は、横流しの受益国の北朝鮮だけです。

共演者から一喝される

〈ソウルで日本人女性暴行〉

青木氏:ハッキリ言えば、今回のケース、僕がソウルの特派員で、普段の時にいたら多分書かない。つまり、書かないようなニュースがいまの時期だから大きく報じられ、ある種、悪循環になっている。韓国人が日本人あるいは在日によく使う言葉（チョッパリ）を使ってバカにしたらしいが、この差別語も、日本人を悪感情で呼ぶときには必ず使うような言葉だ（モーニングショー、一九年八月二十七日）。

【解説】この青木氏の発言に対して、被害女性は「現在、手が麻痺《まひ》して感覚が失われていて、ずっと頭が痛くて暴行暴言された動画も残ってるのに、こんなにも心ない言葉を言われたのが非常に残念すぎる」と心情を語っています。青木氏の発言は、「ある種」のセカンド・レイプに他なりません。加えて、日本人に対する差別語を公然と許容するのは「ある種」のヘイト行為です。

〈疑惑の最側近・曺国《チョグク》〉

青木氏：曺国さんってのはあまり好きじゃない。ただ、『日本会議の正体』という僕の本を「安倍政権の背後関係を知るにはその本を読むのがいい」と大統領補佐官会議で紹介したのが曺国さんらしい。僕は好きじゃない（モーニングショー、一九年八月二十七日）。

青木氏：曺国さんは本当に驚くくらい、ある種スマートだし、理路整然としているし、昨日も記者会見で、少なくとも言っていることが破綻《はたん》するようなことはない。ほぼ完璧に答える。本当に頭のいい人だ。

彼の言っているとおりだとすれば、法的責任が問われるものではなく、彼が言っていたとおり、「自分は妻とも娘とも子どもたちともそれほど深くかかわってこなかった。だから知らなかった」と言われたら、森友学園や加計学園のように勝手に周りが忖度したという話だ。彼自身に責任は及ばない（モーニングショー、一九年九月三日）。

青木氏：十時間記者会見し、十四時間聴聞会をやった。「ある種の手続きとか建前っていうのはきちんと尽くす」「それこそが正義だ」というような、民主主義・政治・正義のありように対するこだわりが強い（モーニングショー、一九年九月十日）。

【解説】青木氏は、自著を韓国で宣伝してくれた曺国氏を「好きじゃない」と言いながら、大絶賛しています（笑）。モリカケにおける首相への忖度疑惑について問題視し続けた青木氏が、曺国氏への忖度については全く問題視しないのは、「ある種」の【返報性 norm of reciprocity】の表れです。

〈日韓首脳対話〉

青木氏：日本側は日韓請求権協定で解決済みだと突っぱねているが、はたしてそれでいい

のか。客観的におさらいしたい。（中略）

大元をたどったら日本がヒドいことをしたのが原因で、独裁政権との政治的妥協ということを考えれば、六五年で解決済みと全部突っぱねるのは日本としても問題だ。だから日韓双方がここで歩み寄って努力を尽くす。そのためには、首脳間の会談あるいは交渉しかない（サンデーモーニング、一九年十一月十日）。

【解説】 青木氏は、いつものように韓国政府の主張を喧伝《けんでん》して日本政府に譲歩を要求しましたが、これに対して田中秀征《しゅうせい》氏が突然発言し、一喝しました。

田中秀征氏： 六五年から四十年経って、盧武鉉《ノムヒョン》政権が調査委員会まで作って検討した結果、解決済みを認めた。盧武鉉政権に、いまの大統領も一体化していた。それ、どうなったのか。

彼（青木氏）はそのことを十分に承知のうえなのだろうけど、それが出てこなかった。こういうことされたら付き合い切れない。

多様性を重視する温厚で自制がきいた紳士である田中氏であっても、自分に都合のよい前提のみを使って結論を出す青木氏のあからさまなチェリー・ピッキングにはさすがに我慢できず、ついにキレてしまったのです（笑）。

ギャグのような無理やり感

〈GSOMIA失効回避〉

青木氏：日本では「破棄を撤回した」と報道されているが、「条件付きの凍結なんだ」「いつでもこんなのは破棄できる」「日本側の態度にかかっている」というのが韓国側の立場だ（サンデーモーニング、一九年十一月二十四日）。

【解説】韓国政府が自国民の説得に用いた実行不可能なオプションを高らかに日本国民に宣言する青木氏は、「ある種」のアジテーターです。

いかなる場合でも、日本政府を批判するポジションを譲ることのない青木氏の無理やり感たっぷりなコメントは「ある種」滑稽《こっけい》であり（笑）、大部分の大衆は信じるに値《あたい》しないと認識しているものと考えますが、リテラシーが欠如した一部の大衆はコロッと受け入れてしまう可能性があります。

一般論として、強大なテレビメディアが擁する悪徳レフェリーの唱える「黒魔術」を無効化するには、実況席にいるSNS、ネットメディア、日刊紙、週刊誌、そして月刊誌がその誤謬を指摘し続けることが重要であると考えます。

国際政治(米中対立)篇:米国批判と中国擁護

国際政治において、青木氏は「日米批判」「中朝韓擁護」という確固たるポジションから絶対に動くことはありません。その徹底ぶりは、ほとんどギャグです。以下、米中に関する青木氏の発言について注目していきます。

まずは、その典型的事例を詳しく見ていきたいと思います。次の言説は、東アジアと東南アジア地域にとって重要なシーレーンがある南沙《なんさ》諸島沖において、中国が違法に人工島を造って軍事拠点にしているという話題に対する青木氏のコメントです。

〈南沙諸島米中にらみ合い〉

青木氏:たしかに中国の覇権主義というか拡張主義は非常に問題だし、気になるんですけれども、ただ一方で(1)、米中の関係というのはご存じのとおり、相互に最大の貿易国だし、中国が風邪を引けば世界中の経済が風邪を引いちゃうような状況になっているわけですよね(2)。

なので、今回のことを機に「戦争が始まるんじゃないか」とか「中国に対して世界最強の米軍がお仕置きをした」みたいな報道もあるんですけれども、やっぱりもう少しバランスを見なくちゃいけないというのが一つと(3)、それから日米関係だけではなくて「日本が一体どうなるのだろうか」「日本はどういうふうに向き合っていくのか」と考えた時に、いまのところ「米国とばっかり仲良くしておいて(4)中国を封じ込めるんだ」という方向なんですけれども、やっぱり日本としても中国ともきちんと付き合って関与していくことをやらなければいけない。日米関係と同時に、日中関係・日韓関係もよくしなくちゃいけないですよね(5)。

で、まして日中関係・日韓関係でいま何がシコリになっているかと言えば、歴史認識問題ですよね。七十年前の歴史認識問題がいまだにシコって関係を悪化させて、こういう現代の問題に全く対応できていない状況になっているということは、中国・韓国にも問題はあるんだけれども、大いに日本の側に問題がある(6)ことをもう一回、僕らは振り返って考えてみなければいけないんじゃないかという気はしますけれどね（サンデーモーニング、一五年十一月一日)。

論点すり替えから批判

【解説】

(1)中国・韓国・北朝鮮の問題事案について青木氏がコメントする場合、話の冒頭は十中八九、公平さを装うアリバイ作りから始まります。「たしかにそうなんだけれども」、あるいは「たしかに気持ちはわからないことはないいんだけれども」というイディオムを使って、問題の存在を一言で肯定します。

そして、即座に逆接の接続詞「ただ」を入れることで【論点のすり替え shifting to another problem】を行い、中国・韓国・北朝鮮の擁護、米国に対する批判、そして日本に対する罵倒《ばとう》等を延々と展開するのが一般的です。これはまさに、朝日新聞の【yes-BUT論法】(＝自分の論調と合致《がっち》しないことを短く肯定したあとに、延々と否定的な意見を述べる)と同じ手口です。

(2)青木氏は「米中は相互に最大の貿易国であり、中国が風邪を引けば世界中の経済が風邪を引く」として、中国に対する米国の姿勢を暗に批判しています。ここで「米中は相互に最大の貿易国」「中国が風邪を引けば世界中の経済が風邪を引く」というのは、誰もが納得する議論の余地のない紛《まぎ》れもない事実です。

しかしながら、その経済的依存関係は、地域の安全を脅かす重大な国際法違反を許容する理由にはなりません。もしもこの原理が通れば、中国が今後いかなる国際法違反を行っても、国際社会はそれを許容しなければならないことになるからです。

このように、誰もが疑わない紛れもない「事実」を呈示して情報受信者の信頼を得た直後に、個人的な「主張」をあたかも「事実」であるかのように述べるのは、【催眠薬とスウィッチ hypnotic bait and switch】と呼ばれる詐欺師の古典的説得手法を思わせ、青木氏の多くの言説に認められます。

当然、国際社会は経済力をバックにして軍事拡張を続けるような覇権国とは経済関係を縮小していくべきであり、その点で米中貿易摩擦を仕掛けて中国経済を弱めているトランプ大統領の戦略は合理的です。

(3)青木氏は「というのが一つと」という言い回しを多用して、しばしば一つの発言機会において二つのことを主張します。これによって青木氏が何をやっているかと言えば、さらなる論点のすり替えです。

青木氏は、ここに新たなターニングポイントを作り、お得意の安倍批判、日本批判、米国批判といった結論に突き進むのです。このように複数にわたって論点をすり替えると、最初の論点とは全く異なる論点を作ることができます。中国の国際法違反の話題が、一回目の論点すり替えで米国批判になり、二回目の論点すり替えで日本批判になったのです。

(4)「日本は米国とばかり仲良くしている」というのは、青木氏の言説に何度も繰り返されるフレーズです。日米同盟を基軸にして「日本は米国と仲良くしている」ことは事実です。しかしながら、「日本は米国とばかり仲良くしている」というのは事実ではありません。安倍政権の地球儀を俯瞰《ふかん》した外交により、日本は世界各国と良好な関係にあります。

逆に日本と良好な関係でないのは、世界で中国・北朝鮮・韓国だけであり、これは青木氏が無理に擁護する三カ国でもあります。

このような状況であるにもかかわらず、青木氏は現在に至っても「日本は米国とばかり仲良くしている」という虚偽の主張を続けています。これは信じるまで嘘をつき続けることで、一定の情報弱者を自説に導く【大嘘テクニック big lie technique】と呼ばれるものです。

(5)青木氏は、ここでなんと三回目の論点のすり替えを行い、「日韓関係もよくしなくちゃいけない」と唐突に主張しています。このように、青木氏は何の脈絡《みゃくらく》もなく少しずつ論点を変更していくのです。

(6)まさにギャグのような結論です。青木氏は、中国が南沙諸島に違法に人工島を造り、軍事拠点にしているという話題から「中国よりも韓国よりも大いに日本の側に問題がある」という誰も予想ができない結論を導いたのです(笑)。極悪レフェリーは、反則レスラーに対してはあからさまな反則行為を完全に無視する一方で、フェアなレスラーに対してはイチャモンをつけて苦しめるのです。

自信満々の見立ても外れ

〈トランプ大統領就任式直前〉

青木氏：ゴールデン・グローブ賞で、メリル・ストリープ氏がある種、理想を語って、それに対して反発があるのは非常によくわかる。既存の政治に対する米国の不満は渦を巻いていて、それがトランプ氏のある種の原動力になっている。

ただ、トランプ氏は煽《あお》っているが、何の解決策も提示していない。ある種、この間の会見も全く内容がなかった。ロシアとの関係改善を打ち上げてロシアと経済制裁解除するある種のディールをするんだろうけれども、はたしてうまくいくのか。

トランプ氏は史上初めて、理想をある種持たない大統領だ。凄く異常なことだ。トランプ氏はいま中国にいろんなことを言っているけど、米国国債を一番持っているのが中国で、中国が本気でこれを振りかざしたら、米国経済はめちゃめちゃになってしまう。

ある種、いままでの理想と違って、日本を通り越して中国とディールする可能性がある

（モーニングショー、一七年一月十七日）。

【解説】 青木氏は、自分の政治的・社会的立場に合わない人物を【悪魔化 demonization】することによって、都合のよいポジショントークを展開します。トランプ大統領は大統領就任前から青木氏の攻撃のターゲットであり、得意のある種トークで【ステレオタイプ化 stereotyping】して貶《おとし》めています。

トランプ大統領はリアリストですが、青木理氏の発言とは異なり、大統領選を通して、米国を再び「富ませる」「安全にする」「強くする」「偉大にする」という理想も高く掲げていました。米国がロシアや中国と友好的なディールをするという自信満々の見立ても外れ

ました。そもそも中国が米国債を戦術として売ることは自傷行為に等しく、逆に現在、中国との関係を断ち切る方向に動いているのはトランプ大統領です。

レッテル貼りで貶める

〈トランプvsメルケル会談〉

青木氏：世界中で寛容・多様性という人類がある種、積み上げてきた普遍的価値観と不寛容・排他・排外主義がぶつかりあっている。メルケルvsトランプ会談は、「踏みとどまろう」とするメルケルvs「破壊しちゃえ」というトランプの見事な対照だった。一方で、わが国の安倍首相はトランプ氏のところへ行ってゴルフまでして、「俺たちは相性がいいんだ」というふうになってしまっている（サンデーモーニング、一七年三月十九日）。

【解説】青木氏は、自分の政治的・社会的立場に合う人物を【偶像化 idolization】することによっても、都合のよいポジショントークを展開します。メルケル首相を偶像化、トランプ大統領を悪魔化したうえで得られる善悪の構図を前提として結論を得る言説は【対人論証 argumentum ad hominem】そのものであり、正しい【論証 argument】とはいえません。

そもそも、青木氏が称賛するドイツのメルケル首相は、ＥＵ加盟国に対して、政策の多様性を認めずに共通通貨ユーロを利用して実質的な「マルク安」に誘導しているある種の自国第一主義者と評価することもできます。共通通貨ユーロは、ギリシャなどＥＵ内の経済弱国にとっては実力よりも高くなり、ドイツという経済最強国にとっては実力よりも低くなります。ここにドイツは不当に安い製品を世界に輸出することが可能となります。ドイツ一国の経済成長がユーロ高に与える影響も僅《わず》かです。ドイツはＥＵ内の経済弱国の輸出を犠牲にして、ＥＵで一人勝ちしているのです。

なお、一方で青木氏は、安倍首相に対して、トランプ氏という悪魔の友人であるかのような【レッテル貼り labeling】をすることで対人論証を行い、貶めています。

〈中国共産党大会〉

青木氏：習近平氏が一強で言論を締め付けている状況は、どこかの国（日本）と似ている。もちろん、政治体制も社会体制も全然違うが。北朝鮮も三代世襲だ。日本も世襲に支配されている。韓国や台湾は違う（サンデーモーニング、一七年十月二十九日）。

【解説】これも習近平主席の独裁問題から論点のすり替えを行い、日本を批判したものです。立候補の自由がある日本と、中国共産党が推薦した立候補者が確実に当選する中国とを比較するのは、類似性がほとんどない対象に類比を適用する【アナロジーの乱用 abuse of analogy】に他なりません。

〈米国中間選挙〉

青木氏：ポピュリズムというか反知性主義というか、ある種の差別主義というか、メディアをフェイク扱いしながら、フェイクを大統領自らバラまいている。米国のなかで、ジャーナリズムとか野党とか芸能人が必死に抵抗している（サンデーモーニング、一八年十月十四日）。

【解説】メディアは国内事案であろうが国外事案であろうが、公正に報道するのが使命です。青木氏は、トランプ大統領がメディアをフェイク扱いすることが妥当でないかのように発言していますが、トランプ大統領が一部メディアをフェイク扱いすることにはそれなりの根拠があります。

たとえば、トランプ大統領が日本来訪時に升《ます》をひっくり返して鯉に餌を与えたCNNの映像が世界に配信され、トランプ大統領は「作法知らず」と世界中で散々批判されました。ところが、この映像はＣＮＮによる【事実の切り取り contextomy fallacy】でした。実際には、トランプ大統領は安倍首相が直前に行った作法をマネしたに過ぎなかったのです。

また、ロシア疑惑において、バズフィードは、トランプ大統領に対する捜査が不利になるように虚偽の報道を行いました。この報道が虚偽であることを指摘したのは、トランプ大統領に対する捜査を行ったロバート・ムラー特別検察官でした。常にトランプ大統領が悪でメディアが善という構図はフェイクです。

いまだに「ではのかみ」

〈トランプ政権支持率上昇〉

青木氏：一番トランプ氏を支持しているのは日本だ。武器は爆買いする、ノーベル平和賞に推薦する。新天皇になって最初の国賓としてトランプ氏を招く。日本は何なのか。没落して中国を敵視する人たちや既存の体制にしがみついている人たち、つまり人類普遍の価値よりも既得権が大事なように国際的に日本が見えている（サンデーモーニング、一九年五月十二日）。

【解説】 現実的な平和主義を歩む日本が、現実的な平和主義を実践する同盟国である米国のトランプ大統領を国賓として遇するのは至極当然です。また、青木氏が擁護する中国や北朝鮮が不穏な動きを見せる東アジアにおいて、日本が現実的な平和路線を歩むには、それなりの防衛装備品も必要であり、高品質の米国製武器を購入するのは合理的です。

逆に、覇権のために武器を際限なく増強するとともに、チベット・ウイグル・香港などで人権という人類普遍の価値を踏みにじる中国を大事にする青木氏は、一体何なのでしょうか。そもそも、日米同盟に対して「人類普遍の価値よりも既得権が大事」などという印象を持つ国など聞いたこともありません（笑）。このような「国際社会では」という権威論証を唱える人は、いまどきの日本国民には「ではのかみ（出羽守）」と呼ばれてバカにされることを、青木氏はまだ認識していないようです（笑）。

〈トランプ日本国賓訪問〉

青木氏：トランプ大統領が国際的に大いに問題があると見られているなか、相撲で天皇皇后すら貴賓席《きひんせき》なのに、升席を買い取って椅子に座らせる。常軌《じょうき》を逸《いっ》している。国際的にどう見られるか（サンデーモーニング、一九年五月二十六日）。

【解説】 青木氏のトランプ大統領に対する盲目的な敵視は常軌を逸しています。国賓として来日した同盟国の元首に対する、日本政府による慎《つつ》ましい歓迎プログラム（ゴルフ・相撲観戦・居酒屋夕食）について「常軌を逸した歓迎」とするのは、まさに常軌を逸した見立てです（笑）。

ちなみに同時期、青木氏が擁護する北朝鮮では、数万人の市民を使ってマスゲームを行い、青木氏が擁護する中国の習近平主席を接待しました。全くレベルが異なります。

〈トランプ英国国賓訪問〉

青木氏： 二十五万人が反トランプデモに参加した。「フェイクニュース」だとか「俺は天才だ」とか繰り返している人形が出てきたり、ゴリラの格好をさせて檻《おり》のなかに入れたり、お祭り騒ぎになっていた（笑）。それと比較して、相撲観戦したり、ゴルフしたり、武器爆買いして成功していますという国。民主主義の強度が羨《うらや》ましい（サンデーモーニング、一九年六月九日）。

【解説】 国賓訪問した一国の国家元首を、人間の尊厳を損ねる表現で敵視する英国のヘイトデモを大絶賛する青木氏は、ある種の差別主義者です。このヘイト表現を「民主主義の強度」と高らかに宣言するとは聞いて呆れます。

子供も騙せぬ子供騙し

〈天安門事件三十年〉

青木氏：中国は大問題だ。しかし、ふと考えてみると、自分たちの足元はどうなのか。日本だって人権・多様性・言論・報道の自由・少数民族の尊重・思想信条の自由・集会結社デモの自由は大丈夫なのか。自分たちの足元を守りつつ中国と向き合っていけば、いずれ中国が変わっていくということを期待するしか僕らにはない（サンデーモーニング、一九年六月九日）。

【解説】 ここでも青木氏は「中国は大問題」と一言触れただけで、あとは不相応に日本を批判する典型的な【yesBUT論法】を展開しています。中国と日本の精神的自由度を同一視する見解は常軌を逸しています。この程度の【子供騙し論証 argumentum ad captandum】を展開しているようでは子供も騙せません（笑）。

〈トランプ大統領の人種差別発言〉

青木氏：排他・差別・不寛容を政治家・メディアは煽ってはいけない。トランプ氏は大衆を煽っている。この国（日本）はどうかと言えば、本屋に行くとヘイト本の類《たぐい》がたくさんあって、ヘイトスピーチが蔓延《まんえん》している（サンデーモーニング、一九年七月二十一日）。

【解説】青木氏は「本屋に行くとヘイト本の類がたくさんあって、ヘイトスピーチが蔓延している」と番組でしばしば日本社会を批判しますが、青木氏は具体的にどれがヘイト本で何がヘイトスピーチなのか、一切言及しません。これは書籍店と出版業界に対する明白な営業妨害です。青木氏と番組は、「たくさんあるヘイト本」なる論拠を具体的に指摘して説明する責任があります。

ポジショントークのやり口のまとめ

本章では、青木理氏のポジショントークについて詳しく分析してきました。最初に述べたように、ポジショントークとは、前提となる情報から特定の立場にとって好ましい結論のみを導く詭弁です。

与えられた情報から必ず特定の立場にとって好ましい結論を導くには、論証抜きに結論を出す（論証不全）か、前提となる情報に操作を加えて結論を出す（論点曖昧・論点歪曲・論点隠蔽）か、情報を分析する論理に操作を加えて結論を出す（論点相違・論点変更）ことが必要となります。

今回の分析では、青木氏の言説にこれらの操作がふんだんに加えられていることを示しました。以下、それぞれについて具体的な詭弁を示すと、次のとおりです。

▼論証不全：しばしば青木氏は、【陰謀論 conspiracy theory】を中心とする【立証不能論証 unprovable argument】、【個人的確信に基づく論証 personal assurance】をはじめとする【前提欠如 lack of premises】の【偶像化 Idolization】【悪魔化 demonization】による【印象操作 impression manipulation】を通して、特定の立場を宣伝する【プロパガンダ propaganda】を展開しています。

▼論点歪曲：しばしば青木氏は、ある種という【曖昧な言葉 weasel word】を形容詞・副詞として多用することで、前提となる概念を都合よく曲解して結論を導きます。また、日本社会に存在する韓国・中国批判を強制的に「ヘイト」と決めつけて、そのことを批判す

る【ストローマン論証 the strawman】も繰り返しています。

▼**論点隠蔽**：しばしば青木氏は、あからさまな【チェリー・ピッキング cherry picking】による【情報操作 information manipulation】で、擁護する対象である中国・北朝鮮・韓国等の問題行動の本質を隠し、逆に攻撃する対象である日本・米国を一方的に批判します。

▼**論点相違**：しばしば青木氏は、印象操作した人格に訴えて論証する【対人論証 argumentum ad hominem】を展開し論点を人格の是非にすり替えます。主な人格攻撃の対象は、安倍晋三首相とドナルド・トランプ大統領、主な人格称賛の対象は文在寅大統領であり、同時に日本社会を説教して韓国社会を称賛しています。思えば、文科省天下り問題の中心人物である前川喜平元文科事務次官と、収賄《しゅうわい》などで起訴された曺国前韓国法相に対する人格崇拝は常軌を逸したものでした（笑）。

▼**論点変更**：しばしば青木氏は、日本政府や日本社会をスケープゴートにしたあからさまな【論点回避 red herring】を行います。たとえば、中国・北朝鮮の人権弾圧・戦争行動、韓国の反日行動などの常軌を逸した大問題を「たしかに問題はあるが」の一言で片づけたうえで、逆に日本政府を無理やり問題視し、さらに論点を変えて日本政府を責め続けます。その結果、どのような論点の問題でも、最終的には「日本が悪い」というお決まりの結論

を導いてしまいます。

公平を装いながらこのようなポジショントークに終始する青木氏は、まさにある種の極悪レフェリーです。正当な論理に基づく国政のチェックは、国民にとって有益なジャーナリズムですが、不当な詭弁に基づく国政へのイチャモンは、政策論争を放棄した日本の野党勢力や日本を脅かす外国勢力に与《くみ》する政治工作であり、国民にとっては迷惑千万です。

インターネットの普及で国民のメディア・リテラシーが高まるなか、国政の議論を妨害することに終始するオールド・ジャーナリズムによる画一的な詭弁は、新しい世代によりフィルタリングされて、いずれ絶滅する運命にあることは自明です。

しかしながら、日本が機動性を持って発展していくためには、可能な限り早期に、国民がこのような詭弁を見切って、その支配から脱却することが重要であると考えます。

11.「アベが悪い」の千夜一夜物語

後藤謙次氏

コメンテーターとしての見識

6章で述べたように、テレビ朝日『報道ステーション』は、『NHKニュース7』に次ぐ高視聴率番組です。放送時間三十分の『NHKニュース7』が出来事の報知に終始する一方で、放送時間一時間超の『報道ステーション』は、出来事の報知に加えて、より詳しい分析および解説を加えます。そのうち、解説を一手に引き受けているのが、番組が外部から招聘《しょうへい》するレギュラー・コメンテーターです。当然のことながら、人気報道番組の解説の内容は社会に大きな影響力を持つことになり、放送法の観点からもレギュラー・コメンテーターには常識的かつ公平な見識が求められます。

そのレギュラー・コメンテーターのポストを二〇一六年四月から二〇二〇年三月までの四年間にわたり務めてきたのが、元共同通信の記者、後藤謙次氏です。同氏は過去にも『news23』のメインキャスターを務めるなど、報道番組のコメンテーターとしてそれなりの経験を持っていました。しかしながら、『報道ステーション』でのコメンテーターとしての見識がどうであったかと言えば、常識的で公平であったとは言い難いものであったと考えられます。
番組の最終出演日となった二〇二〇年三月二十六日に、後藤氏から発せられた降板コメントは次のとおりです。
後藤謙次氏：この四年間、政治と政治家の劣化を強く感じた。特に日本の民主主義の根幹を揺るがすような事態が日々起きていた。そして弱い人たちへの眼差《まなざ》しがほとんどないような政治が日々行われてきた（三月二十六日）。
【解説】後藤氏のこの降板コメントは、傲慢《ごうまん》な確信・病的な先入観・無責任な憶測・立証不能な陰謀論で反安倍のポジショントークを展開し続けた後藤氏の存在をよく象徴するものであったと考えます。本章では後藤氏が残した数ある迷コメントのうち、特に印象深いものを厳選して振り返ってみたいと思います。

自民の勝利を絶対に認めない選挙報道

元共同通信記者の後藤謙次氏が『報道ステーション』にレギュラー・コメンテーターとして起用されたのは、二〇一六年四月十一日です。当初は政治家の人格に言及することもほとんどなく、公平性が担保された報道が続きました。それが転機を迎えたのが二〇一六年六月二日です。この日を境に番組は、「安倍憎し」と過激なパシフィスト路線を報道原理とする「元来た道」に回帰していきます。後藤氏のコメントも大きく変容しました。衝撃的だったのは、二〇一六年参院選の結果を伝えた次のコメントです。

後藤氏：十二の激戦区で自民党は一勝十一敗であり、政権に非常に厳しい審判を下した（七月十日）。

【解説】 この参院選で政権与党は七十議席を獲得し、非改選議員を含めた参議院全議席の三分の二を超える大勝利を収めました。特に自民党については、単独過半数に迫る歴史的な大勝利であったと言えます。ところが後藤氏は、事前に野党の優勢が予測されていた「十二の激戦区」において自民党が一勝十一敗であったとして「国民は政権に厳しい審判を下した」と結論付けました。しばし呆気にとられてしまったおバカすぎるコメントです（笑）。

一方で、モリカケ騒動と小池劇場が吹き荒れた二〇一七年東京都議選で自民党が大敗すると、今度は徹底的に安倍首相を【人格攻撃 ad hominem】しました。

後藤氏：今回の都議選の大敗は自民党が負けた選挙だ。安倍総理は自民党の緩みと言ったが、私から言うと驕《おご》りのほうが敗因として大きい（七月三日）。

【解説】結局、後藤氏に言わせれば、自民党が勝っても負けても結論は「自民党の負け」ということになります（笑）。自民党の不支持が下げ止まった二〇一七年茨城県知事選の自公勝利については、次のように主張しました。

後藤氏：自民党が信任されたわけではまったくない。今回は勝負には勝ったが、選挙に勝ったかどうか疑問符が付く。無党派層の支持が戻らない限り、安倍氏の信任が戻ったとは言えない（八月二十八日）。

【解説】小池都知事の私党とも言える希望の党が参戦した二〇一七年衆院選では、再び自民党が大勝しましたが、後藤氏はけっして勝利を認めません。

後藤氏：野党の混乱・分裂によって、自民党に勝ちが転げ込んだ印象の選挙だった。目に見えない国民世論の壁と向き合っていく意味では、大勝のあとのほうが政権運営はより難しさを増した（十月二十三日）。

【解説】まるで負けず嫌いの子供が、勝負に勝った場合には自慢し、負けた場合には負け惜しみを爆発させるような低次元なコメントです。何よりも一番大きな問題は、公正であるべきテレビ放送において、後藤氏が国民の民意を完全に無視している点です。

安倍晋三氏と石破茂氏の一騎打ちになった二〇一八年自民党総裁選においては、投票日の前日に次のような勝敗ラインを設定しました。

後藤氏：勝敗ラインは、やはり明日開票される地方の党員票だ。二〇一二年の総裁選で五人立候補して、石破氏は五五％得票している。この五五％を安倍総理が超えないと、永田町と地方党員に乖離《かいり》が生まれる。そこを安倍氏が超えられるかどうか。そこが一つのポイントだ（九月十九日）。

【解説】翌日、投票の結果、地方の党員票で安倍総理の得票は、後藤氏が勝敗ラインとしていた五五％を超えました。しかしながら後藤氏は、前日の発言などまるでなかったかのように、勝利したはずの安倍総理を貶《おとし》めたのです。

後藤氏：石破氏は大善戦と言っていい。この結果で見えてくるのは、安倍一強というのは、永田町だけの虚構だったということだ。特に党員票については五十五対四十五なので、ほぼ拮抗《きっこう》に近い（九月二十日）。

【解説】前日に自分が設定した勝敗ラインをガン無視する無責任さには呆れるばかりです（笑）。一方、この直後に行われた二〇一八年沖縄県知事選では、辺野古《へのこ》基地移設反対の玉《たま》城《き》デニー氏が自民党が推薦する佐喜眞淳《さきまあつし》氏に勝利しました。後藤氏は勝ち誇ったように政府・自民党を攻撃します。

後藤氏：結果を見ると、沖縄県の人たちの翁長《おなが》氏に対する思いの強さ、それから四年前に翁長氏が当選したあとからの政府の対応に今回の圧勝の原因があった。この沖縄の民意を変えるということは力ずくではできないということが今回確定した。民意の確定を受けて、次は政府が答えを出す番だ（十月一日）。

【解説】ここで後藤氏は「玉城氏が圧勝」と表現しましたが、実際には玉城氏五五・一％に対して佐喜眞氏四三・九％であり、「ほぼ拮抗に近い」とした自民総裁選党員票の安倍氏五五・三％に対する石破氏四四・七％とほぼ同一の結果です。舌の根も乾かぬうちに、自らの論調に合わせて正反対の言説を堂々と語るのは厚顔無恥《こうがんむち》そのものと言えます。まさに後藤氏は、実態などお構いなしに好き勝手に判定を下してしまう悪徳レフェリーなのです。

政権を好き放題攻撃したモリカケ報道

後藤氏の『報道ステーション』出演中に発生した、最大の政局事案はモリカケ騒動と言えます。後藤氏は、二〇一七年五月の安倍総理の憲法改正発言から政権支持率が底を打つまでの約三カ月弱の間に、自分勝手な帰納《きのう》推論を乱発し、政権を徹底的に攻撃しました。

後藤氏：国家戦略特区の政治案件に、総理に極めて近い人が登場することは、結果がどうであれ、国民側から見ると「腑《ふ》に落ちない」と皆が思っても仕方がない（五月十八日）。

後藤氏：総理に近い人物が利益を受けることになると、総理のトップリーダーとしてのモラルが問われても仕方がない（五月二十九日）。

後藤氏：総理に近い人に事業の認定が降ろされるということになれば、「それはないだろう」と皆が思って普通だ（六月一日）。

後藤氏：総理は閉会中審査を欠席するが、「予《あらかじ》め総理がいない日を狙って審査日程を提案した」と言われても仕方がない。総理は「事態が忘れ去られるのを待っている」と疑われても仕方がない（七月四日）。

後藤氏：私に言わせれば、（加計問題の閉会中審査は）「予定された政治ショー」だ。政権側には真相解明に向けての真摯《しんし》な態度、総理のいう丁寧な説明による事実解明にはほど遠い（七月十日）。

後藤氏：予算委員会の急転開催について、「総理の凄い決断だとアピールするため、一旦断ってから総理の判断によって受託するというシナリオが作られていた」と言われても仕方がない（七月十三日）。

後藤氏：総理と加計氏の関係から言えば、「どこかで何かの話があった」と思うのが普通だ（七月二十四日）。

後藤氏：特区WG《ワーキンググループ》のなかで「議事録の加工があった」と疑われても仕方がない（八月八日）。

後藤氏：有権者の方向を向いてない解散と言われてもしょうがない。解散権の私物化と言われても仕方がない。国民に対する背信行為と言ってもよい。仕事人内閣は全く仕事をしてないと言ってもいい（九月十九日）。

【解説】後藤氏の言説のうち特に始末が悪いのが、根拠を示すことなく「〜と言われても仕方がない」「〜と言わざるをえない」「〜と言ってもよい」「〜と思うのが普通だ」といった定型句を使って、単なる主観的言説をあたかも客観的真理であるかのように装うことです。このような【軽率な概括 hasty generalization】によって、後藤氏は悪徳レフェリーぶりを如何《いかん》なく発揮したのです。

突如番組を休んだ理由

後藤氏が『報道ステーション』で残したもっとも有名なフレーズは、財務省セクハラ事案においてテレビ朝日を擁護した「ギリギリセーフ」です。

富川悠太アナ：テレビ朝日の今回の対応について、率直にどう思うか。

後藤氏：テレビ朝日は最初、女性記者から相談を受けたと聞いて、この時の対応については大いに反省してもらいたいと思う。ただ、今回記者会見をして事実を公表した。これでギリギリセーフだという気がする。女性記者については、テープを新潮社側に提供したということで、記者としての職業倫理が問われているという声があるが、そうは思わない。この女性記者が、自らセクハラから身を守るために途中から録音テープを出したと言っている。その時点で、それは取材行為でなくなってしまう。つまり、そもそも記者の倫理の範疇《はんちゅう》に入らない問題ということで、彼女の意を汲《く》んだテレビ朝日の対応も、最後ギリギリセーフだったと思う。

富川アナ：一方で、福田次官は今日も否定した。一連の対応については。

後藤氏：これはちょっと信じられない。

富川アナ：福田氏に関しても佐川氏に関しても、麻生大臣は守り続けてきた。この責任というのは。

後藤氏：非常に大きい。あらゆる意味で、麻生副総理は責任をとるべき時に来ている。

富川アナ：今回、安倍氏がいなかったということで、こういうことが起きてしまったということもまた……。

後藤氏：大きいと思う（四月十九日）。

【解説】後藤氏が、セクハラの誘因を作ったテレビ朝日を「ギリギリセーフ」と評価し、事案とは直接無関係な政権を徹底的に批判したのは、まさに**【御用コメンテーター spin doctor】**の面目躍如《めんもくやくじょ》であったと言えます。実はこの頃、テレビ朝日では深刻なセクハラが蔓延《まんえん》していたことが判明しており（前出テレビ朝日労働組合の報告）、『報道ステーション』に至っては、その後にチーフプロデューサーが出演女子アナなど番組スタッフ十人ほどに対するキスなどのセクハラ行為を行っていたことが報道されています（『週刊文春』二〇一九年九月五日発売号）。財務次官による口頭のセクハラ疑惑で大騒ぎした一方で、番組内で発生していた肉体的なセクハラには黙ってしまう、超ダブスタな後藤氏です。

さて、後藤氏は番組のスキャンダルを隠蔽《いんぺい》する一方で、自分に降りかかったスキャンダルの隠蔽をも図った可能性があります。二〇一九年十二月二日、「桜を見る会」の報道において、後藤氏はイタコと化して安倍首相の心情を語り始めました。

後藤氏：今日の総理の答弁を見ていると、総理は、中央突破を図る、そしてほとぼりが冷めるのを待つという狙いがあるように見えて仕方がない。これまでの総理の手法を見ていると、損切してリセットの可能性もある。衆院解散を視野に野党に圧力をかけていくことも考えられる。我々メディアが、桜隠し解散と追及する（十二月二日）。

【解説】この時期、『報道ステーション』はジャパンライフの会長がオーナー商法の勧誘に利用したビラに「桜を見る会」の招待状が印刷されているとして政権を追及しましたが、実はそのビラには会長主催の懇親会のメンバーとして後藤氏の写真も掲載されていたのです（放送ではカット）。つまり、後藤氏自身がオーナー商法の勧誘に利用されていたのです。十二月三日の放送を最後に、『報道ステーション』はこのビラについて突然触れなくなります。これは意図的なスキャンダル隠蔽と見られても仕方ありません。どんな些細《ささい》なことでもハイエナのように追及するマスメディアが、ネット上でバズっているこの事実を知らないわけがないからです。そして、十二月十六日の放送から、何の前触れも説明もなく、後藤氏は突如番組から消えました。まさに後藤氏の言葉を借りれば、「後藤氏はほとぼりが冷めるのを待つという狙いがあるように見えて仕方がない」と思うのが普通です（笑）。この二カ月後、後藤氏は新型コロナ騒動で「桜を見る会」の報道が下火になると、番組に突如復帰しました（二月二十四日）。ちなみに休みの理由は、腰の手術のリハビリに時間がかかったということでした。それこそタイミングが良過ぎます（笑）。

無責任な自己矛盾コメント

後藤氏は、先述の二〇一八年自民党総裁選の報道においては、恥も外聞もなく前日の主張をかなぐり捨てて、安倍批判を展開しました。このように、安倍批判のためなら、コメントの【自己矛盾 conflicting conditions】など全然へっちゃらなのです。

たとえば、二〇一八年七月十日の放送では、西日本豪雨に対する政治の対応について安倍首相を次のように批判しました。

後藤氏：この国会について言えば、今週前半は審議は一切休んで、政治全体がこの豪雨災害の被災地に目を向ける、そして全ての力を注ぐ。そういう姿勢が必要だ。安倍総理は「何でもやれることはやりますよ」と言っているが、政治というのは、その被災者の皆さんに自分たちの姿を見せる。これも非常に政治の力だ。それが一向に伝わってこない（七月十日）。

【解説】ところが、その翌日に安倍総理が現地を電撃訪問すると、前日の批判とは正反対の批判を展開しました。

後藤氏：安倍総理が倉敷の真備町《まびちょう》に行っている。はたして今日のタイミングだったのか。日本のトップリーダーが行けば、逆に現場が混乱する可能性もある。明日以降も党執行部、幹事長以下、続々と被災地に入る予定になっているが、どこに行くのか、タイミングはいつがベストなのかを真剣に検討しながら現場を見るということに徹してもらいたい。

【解説】後藤氏には確固たる信念などどこれっぽっちもなく、ひたすら大災害を悪用して安倍批判を展開したのです。

直近でも、新型コロナ騒動に関連してやらかしてくれています。

後藤氏：一〜二週間が瀬戸際だというのなら、いますでにあらゆるものに着手していなければならない。たとえば、学校は春休み直前だから一週間春休み前倒し、全国の高校以下幼稚園まで全部休校。事業のイベントは中止。場合によっては、キャンセル料も財政負担してもいいから政府が払う。与野党一致すれば一気に解決する。政治が前に出なければいけない。国難意識があるのか（二〇二〇年二月二十五日）。

【解説】政府が新型コロナに対する基本方針を示したこの日、勇ましく学校休業を提案して政府をどやした後藤氏ですが、安倍首相が翌日にイベント休止、翌々日に学校休業を提案すると、自分の発言などなかったかのように責任を政治に押し付ける主張を開始しました。

徳永有美《とくながゆみ》アナ：後藤さん、休校となると子供の面倒を見るのは親なわけで、親は簡単に休むことはできない。親の勤めている会社も連動してくる。ひいては社会全体の仕組みから政府には対応してもらいたいな、というのがありますよね。

後藤氏：まさにおっしゃるとおりで、負の部分についてもワンパッケージで発表することが必要だった。国民に安倍総理が「混乱を招くけれども、私が責任を取るからやってほしい」という切実な訴えが伴えば、説得力が出た。そして、五月雨《さみだれ》型は最もダメだ。昨日イベント、今日休校、このあとに何が出るかということになる（二月二十七日）。

【解説】明らかに安倍首相は、後藤氏がやれと言ったことをやったに過ぎません。まさに後藤氏が二人いるとしか思えない発言です（笑）。

徳永アナ：総理の決断の裏側にはどんなことがあったのでしょうか。

後藤氏：何もやらなかった総理と言われたくないことが最大の動機ではないか。決断しなかった総理という烙印《らくいん》を押されたくない。決断そのものをアピールしたい。危機管理は創造と準備だ。それが両方ない（三月三日）。

【解説】後藤氏は「政治が前に出なければいけない」と言いながら、安倍首相が実際にそのことを実行すると「何もやらなかった総理と言われたくないことが最大の動機」と、安倍首相の心のなかをイタコのように見透《みす》かして罵《ののし》りました。そして今度は安倍首相の決断に根拠を求めたのです。

後藤氏：今回の法改正（緊急事態宣言）にはかなり無理がある。現に安倍総理自身が、学校の一斉休校についても科学的根拠はないけれども政治決断したと言っている。根拠・理由・必要性・全体像を国民にきちっと説明したうえでやるというのならわかるが、むしろ不安を煽《あお》る（三月四日）。

後藤氏：日本政府は後手後手のうえに、さらに混乱を重ねているのがいまの印象だ。いまの日本政府に欠けているものは、説明をきちっと真摯にしていない。そしてそれは根拠を持って語ることをしていない（三月五日）。

後藤氏：これまでのように、根拠のない政治決断はもう許されない（三月十一日）。

【解説】安倍首相よりも早く「イベント中止」「学校休校」を宣言した後藤氏は、自分の胸に根拠を聞くべきです（笑）。

後藤氏：センバツ高校野球が中止になった。総理のイベント自粛延長が大きく影響した。これに対する説明不足。国民には不安と疲労感が溜まってしまう（三月十二日）。

後藤氏：学校再開のガイドラインが曖昧《あいまい》なのは、この間の政府のちぐはぐな発表・声明によるところが大きい。安倍総理は一斉休校を突然、「自分の政治的判断だ」と言って始めて「延長しないんだ」と言ったり大いに揺れている。結局、何をやっていいのかわからない。学校だけじゃなく、そのあとに塾もあれば習い事もある。子どもたちを守れる環境ができているのか、非常に問題だ（三月二十四日）。

【解説】学校という国が提供するサービスに政府が責任を持つ必要があるのは自明ですが、塾や習い事のような国民の私的な活動に政府が責任を持つ必要はありません。後藤氏は、勘違いも甚《はなは》だしい見境のないモンスタークレーマーです。

報道の劣化を感じる降板コメント

この記事の最初に示したように、後藤氏は次のようなコメントを最後に残しました。

後藤氏：この四年間、政治と政治家の劣化を強く感じた。特に、日本の民主主義の根幹を揺るがすような事態が日々起きていた。そして弱い人たちへの眼差しがほとんどないような政治が日々行われてきた。

【解説】このコメントこそ、自分のことを棚に上げて他者を批判するコメントに他なりません。実際、私は四年間、後藤氏のコメントを聞きながらマスメディア報道の劣化を強く感じました。特に、日本の民主主義の根幹を揺るがすような不公正報道が日々起きていました。そして、真面目に働く人たちへの眼差しがほとんどないような放送が日々行われてきました。ハチャメチャなコメントを続けてきた後藤氏が、日本を代表する高視聴率報道番組を去りました。賢明なテレビ朝日上層部におかれましては、コメンテーターが暴走して国民が理不尽な不利益を生じる事態に陥《おちい》らないよう、公正で論理的な自律的監視を常時行っていただきたいと、強く願う次第です。

エピローグ

日本における新型コロナウイルス危機における死亡リスクには、主として疾病《しっぺい》による死亡リスクと経済停滞による自殺リスクがあります。この二つのリスクは基本的にトレードオフの関係にありますが、コロナ特需に沸くワイドショーを中心としたテレビ報道は、このうち経済停滞による自殺リスクを認識することなく、ひたすら「命か金《カネ》か」という理不尽な対立軸を造って、経済を心配する声を悪魔化しました。さらにテレビ報道は、幼児の感染の疑いや芸能人の逝去《せいきょ》などショッキングな事例を利用して恐怖を煽《あお》り、多くの日本国民をゼロリスク教の信者にしました。

西浦博氏が八割接触削減を国民に要請するなか、集団ヒステリー化した国民世論は、緊急事態宣言に慎重だった政府を動かし、顕著な効果が認められないことがのちに判明する緊急事態宣言を発令させました。この時、八割の国民が「緊急事態宣言は遅かった」と政府を批判しましたが（読売新聞世論調査）、実際にはこの十日ほど前に、発症ベースの新規感染者数は既にピークアウトしていたのです。

確認ベースの新規感染者数も、緊急事態宣言の五日後にはピークアウトしました。しかしながら、一部ワイドショーの報道はさらにヒートアップし、西浦博氏の四十二万人死亡説を利用して恐怖を煽りながら、国民に自粛を命令するに至りました。加えてワイドショーは外出する国民を撮影しては番組で非国民のように悪魔化しました。外出者に罵声《ばせい》を浴びせて自粛を強要する自粛警察が各所に出没するようになったのも、このような報道のあとです。日本は、外出する国民をワイドショーと自粛警察が監視する、恐ろしい監視社会になったのです。

ゴールデンウイーク明けにはすでに新規感染者数が非常に低いレベルに達していたにも拘《かか》わらず、政府はゼロリスク教の信者となった多くの国民世論に押される形で緊急事態宣言をさらに約一カ月も延長し、実際に八割の国民がこの延長を評価しました（ＪＮＮ世論調査）。

結果として国民は、コロナ特需に沸くワイドショー発のインフォデミックに侵《おか》され、科学的根拠もなくワイドショーの思惑どおりの過剰な自粛を続けたのです。このような自粛は日本の実体経済をボロボロにしました。倒産は増加、失業者は増加、貧困層は生活に苦しみ、ネットカフェの住民は居所を失って難民化、老舗《しにせ》とんかつ屋の店主は焼身自殺し、ＩＭＦは六月末時点で、二〇二〇年の日本の成長率をマイナス五・八％と予想しました。こうなった場合、失業率の急激な増加を回避することは難しく、実際に五月の失業率は二・九％と、すでに昨年末よりも〇・七％上昇しています。

日本のコロナウイルスによる死亡者数は、六月末の段階で一千人程度ですが、リーマンショックを超える経済の落ち込みが発生し、このまま失業率が上昇していけば、失業率と相関する自殺者の増加は今年度だけで一万人を超える可能性もあります。これこそがインフォデミックの本当の恐ろしさです。

しかしながら、このような状況に対してワイドショーが責任を取るかとなると、その可能性は皆無であると考えられます。むしろ、自殺する経済弱者の味方のフリをして政府を批判する側に立つことでしょう。

六月十八日の『羽鳥慎一モーニングショー』で岡田晴恵氏が次のような発言をしました。

岡田晴恵氏：なぜ第二波の政策が国民の前に提示されないのか。多分、みなさんも心折れそうだと思うが、実は一番心が折れそうなのは私かもしれない。（六月十八日）

一番心が折れそうなのは、明らかに岡田氏ではなく、岡田氏のようなコメンテーターが散々日本社会の不安を煽って、無責任に自粛を長引かせた結果として生まれた破産者や失業者にほかなりません。発言から推定するに、テレビのコメンテーターは、経済弱者の苦しみなど考えてもいないようです。

このようにインフォデミックはパンデミックと同様、人命に危機を及ぼす恐れがあります。このような意味からも、国民の一人ひとりがテレビ報道を過信することなく、むしろ批判的立場からテレビ報道を視聴すべきであると考えます。

民主主義社会において、国民は選挙を通じて権力を有する政治家を落選させる権力を持ちます。一方で、国民の電波を独占的に使って、「報道の自由」の名の下に、国民を自由にマインド・コントロールする、絶大な権力を持つテレビ局に対して、国民はまったく無力です。報道番組を私物化してデマ報道や問題報道を繰り返すテレビ番組の制作者は、国民の権力が及ばないテレビ局の従業員に過ぎません。しかも、リアルタイムの視聴を前提とするテレビは、新聞・週刊誌・月刊誌のように検証されることもありません。

情報化時代の民主主義社会において、このような私的権力が暴走することは極めて危険であり、私たち国民は、政治家と同様に、常にテレビ報道を監視する必要があります。その意味で、報道番組のアーカイヴ化は極めて重要と言えます。国民の電波を使う限りにおいて、テレビ局は報道番組のアーカイヴ化に真摯《しんし》に応じ、その内容を国民が自由に検証して批判する機会を確保する必要があります。それが民主主義というものです。

日本という民主主義社会にインフォデミックを蔓延《まんえん》させて、好き放題に国民を支配してきたバカのクラスターは、国民の手によって一掃されるべきです。

藤原かずえ（ふじわら・かずえ）

個人ブログ「マスメディア報道のメソドロジー」(Ameba) にて、論理学や心理学の定義に基づいた、メディアの報道・政治家の議論における論理的誤謬などの問題点を指摘。具体的な放送内容や議員の答弁、記者の発言などを例示しての論理的な分析が話題を呼んでいる。記事の一部を言論プラットフォーム『アゴラ』にも転載中。著書に『「セクハラ」と「パワハラ」野党と「モラハラ」メディア』(ワニブックス) がある。

テレビ界「バカのクラスター」を一掃せよ
コロナ禍はテレビ禍

2020年7月26日　第1刷発行
2020年8月13日　第2刷発行

著　者　藤原かずえ
発行者　大山邦興
発行所　株式会社　飛鳥新社
〒101-0003　東京都千代田区一ツ橋2-4-3　光文恒産ビル
電話　03-3263-7770（営業）　03-3263-7773（編集）
http://www.asukashinsha.co.jp
装　幀　神長文夫＋松岡昌代
印刷・製本　中央精版印刷株式会社

ISBN 978-4-86410-776-1

編集担当　工藤博海